U0186646

钢结构现场施工快速入门与技巧

韩奇峰　毛登峰　周　敏　主编

机械工业出版社
CHINA MACHINE PRESS

本书根据《钢结构工程施工规范》（GB 50755—2012）、《钢结构工程施工质量验收标准》（GB 50205—2020）、《钢结构高强度螺栓连接技术规程》（JGJ 82—2011）、《房屋建筑制图统一标准》（GB/T 50001—2017）和《建筑结构制图标准》（GB/T 50105—2010）以及国家和行业有关钢结构工程施工的现行标准、规范等编写。

　　本书主要内容包括：钢结构施工测量、钢结构焊接工程、紧固件连接工程、钢零件及钢部件加工、钢构件的组装与预拼装、钢结构安装施工、大跨度空间钢结构安装施工、施工现场安全防护。

　　本书可供钢结构工程施工技术人员、质量检查人员以及大中专院校相关专业的师生学习、参考使用。

图书在版编目（CIP）数据

　　钢结构现场施工快速入门与技巧/韩奇峰，毛登峰，周敏主编．—北京：机械工业出版社，2022.2
　　ISBN 978-7-111-55564-3

　　Ⅰ．①钢⋯　Ⅱ．①韩⋯ ②毛⋯ ③周⋯　Ⅲ．①钢结构－工程施工
Ⅳ．①TU758.11

　　中国版本图书馆 CIP 数据核字（2022）第 017391 号

机械工业出版社（北京市百万庄大街 22 号　邮政编码 100037）
策划编辑：汤　攀　责任编辑：汤　攀　刘　晨
责任校对：刘时光　封面设计：张　静
责任印制：邰　敏
三河市宏达印刷有限公司印刷
2022 年 2 月第 1 版第 1 次印刷
169mm×239mm·16.75 印张·294 千字
标准书号：ISBN 978-7-111-55564-3
定价：59.00 元

电话服务　　　　　　　网络服务
客服电话：010-88361066　机 工 官 网：www.cmpbook.com
　　　　　010-88379833　机 工 官 博：weibo.com/cmp1952
　　　　　010-68326294　金 书 网：www.golden-book.com
封底无防伪标均为盗版　机工教育服务网：www.cmpedu.com

编写人员名单

主 编

韩奇峰　毛登峰　周　敏

副主编

李　霄　卢　部　罗梦月

参 编

任　超　程志彬　刘冰燕　张建忠

赵小云　张巧霞　张小琴　张小平

曾亚萍　刘文清　陈素叶　王广庆

付喜梅　赵　义

前 言
FOREWORD

近年来，随着我国国民经济的飞速发展，建设工程的规模日益扩大，建筑钢结构发展迅速。钢结构因其自重较轻且施工简便，广泛应用于大型厂房、场馆、超高层建筑等领域。钢结构行业是绿色、环保、可持续发展的新兴产业，钢结构建筑的占比是衡量一个国家现代化程度的重要指标，因此，推广钢结构建筑对于我国推进绿色建筑和建筑工业化、促进传统建筑业产业升级和提升土木工程科技水平具有重要意义，并且对促进钢铁企业产业结构调整和升级也具有积极作用。

钢结构的应用必然涉及钢结构的施工，钢结构工程质量是否能有保障？施工工艺是否符合要求？施工人员的技术水平是否达标？违反工艺操作可能造成哪些问题？施工现场的一些常见问题如何规避？施工现场的做法是否符合规范和相关标准的要求？施工过程中出现的问题如何快速处理？质量检验有哪些方法和标准？不同钢结构建筑现场施工顺序和安全问题如何安排和处理？施工操作技巧和注意事项有哪些？这些问题无一不是穿插在施工的过程中。很明显，要想达标，那么你要知道基础知识，你要懂识图，你要清楚施工工艺，你要明白技术要点，你要知悉施工做法，你要掌握操作技巧。本书就很好地解决了上述这些问题，书中融合了不同钢结构工程的基本施工方法和施工要点，也介绍了近年来应用较广的新技术和新工艺。

本书以"现场施工与做法"为主线，辅以大量的图片和表格。图片不再采用传统的放置方式，而是将施工的方法、工艺、操作原理与图片融合，并将实际施工中需要掌握的要点采用批注、指示、标记的方式进行讲解，摆脱了学习中的枯燥，让识图更简单，使工艺展示得更清晰。

本书在编写过程中，得到了许多同行的支持和帮助，在此表示由衷的感谢！由于编者水平有限和时间紧迫，书中难免有错误和不妥之处，望广大读者批评指正。

编 者

目 录
ONTENTS

第1章　钢结构施工测量

施工测量就是用距离丈量、角度观测和水准测量来确定地面点的平面位置和高程位置。现代建筑都比较高大，形状也十分复杂，建筑面积为十几万平方米的建筑并不鲜见。施工的每一步都离不开测量工作，所以，测量工作在建筑施工中不仅是一道重要工序，而且也起着关键的主导作用。

1.1　控制网设置

1.1.1　控制网建立

1. 平面控制网设置

平面控制网是确定地貌地物平面位置的坐标体系，是测量中建立控制平面测量精度的一种方式。按控制等级和施测精度分为Ⅰ、Ⅱ、Ⅲ、Ⅳ等网。测定控制网平面坐标的工作称为平面控制测量，与高程控制测量合成形成控制网。

2. 场地平面控制网的布网原则

场地平面控制网应根据设计定位原则、建筑物形状和轴线尺寸，以及施工方案、现场情况等进行全面考虑后确定，其布网原则为：

1）控制网中应包括作为场地定位依据的起始点和起始边，建筑物主点和主轴线。

2）要在便于施测、使用（平面定位及高层竖直控制）和长期保留的原则下，尽量组成四周平行于建筑物的闭合图形，以便闭合校核。

3）控制线的间距以 30～50m 为宜，控制点之间应通视、易测量，其顶面标高应略低于场地设计标高，桩底低于冰冻层，以便长期保留。

3. 平面控制网设计准备工作

1）熟悉所有的设计图纸和设计资料。

2）进行平面控制网设计工作之前，必须先了解建筑物的尺寸、工程结构内部特征和施工的要求。

3）熟悉施工场地环境以及与相邻地物的相互关系等。

4）收集施工坐标和测量坐标的系统换算数据。

4. 测设步骤

（1）初步定位　按场地设计要求，在现场以一般精度（±5cm）测设出与正式方格控制网相平行2m的初步点位。一般有一字形、十字形、和L字形。

（2）精测初步点位　按正式要求的精度对初步所定点位进行测量，并平差算出各点点位的实际坐标。

（3）埋设永久桩位并定出正式点位　按设计要求埋设方格网正式点位（一般是基础埋深在1m以下的混凝土桩，桩顶埋设200mm×200mm×6mm的钢板），当点位下沉稳定后，根据初点位与其实测的精确坐标值，在永久点位的钢板上定出正式点位，划出十字线，并在中心点镶嵌铜丝以防锈蚀。

（4）对永久点位进行检测　控制网中应包括作为场地定位依据的起始点和起始边、建筑物主点和主轴线，控制线间距以30～50m为宜。对于高层建筑，地下室施工阶段宜采用外控法，地上主体施工采用内控法，如图1-1所示。

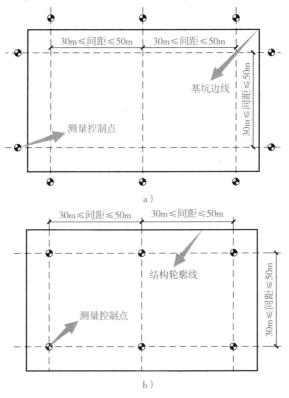

图1-1　平面控制网设置示意图

a）地下室施工阶段　b）地上主体施工阶段

5．测量方法

测量方法有三角测量法、导线测量法、三边测量法等。

（1）导线测量法

1）当导线平均边长较短时，应控制导线边数。

2）导线宜布设成直伸形状，相邻边长不宜相差过大。

3）当导线网用作首级控制时，应布设成环形网，网内不同环节上的点不宜相距过近。

（2）三边测量法

1）各等级三边网的起始边至最远边之间的三角形个数不宜多于10个。

2）各等级三边网的边长宜近似相等，其组成的各内角应符合规定。

（3）三角测量法

各等级的首级控制网宜布设为近似等边三角形的网（锁），其三角形的内角不应小于30°；当受地形限制时，个别角的要求可放宽，但不应小于25°。

加密的控制网可采用插网、线形网或插点等形式，各等级的插点宜采用加强图形布设。

6．平面控制网的施测精度要求

Ⅰ级和Ⅱ级平面控制网按照一级导线的精度进行观测。当采用全站仪测距时，应注意仪器的指标设置和检测，采用仪器的等级及测回数应符合表1-1的精度规定。

表1-1　仪器的等级及测回数精度规定

控制网等级	仪器分类	总测回数
Ⅰ级	Ⅰ、Ⅱ级精度	4
Ⅱ级	Ⅱ级精度	2

7．平面控制网的具体施测办法

（1）Ⅰ级和Ⅱ级控制网　采用一级导线的精度要求施测，准确计算出导线成果，进行精度分析和控制点点位误差计算。

Ⅰ级控制点的设置按规范要求做好测量标石标志，在选择好的点位上埋设。为了预防标石的沉降，标石的下部先浇灌混凝土，周围做好通向控制网点的道路和防护栏杆，并做好标志。为了保证测量精度，在标石埋设后一周内不得进行观测。标石埋设施工现场图如图1-2所示。

（2）建筑主轴线的设置 首先在设计图纸上设计主点坐标数据，在Ⅰ级或Ⅱ级控制点的基础上用极坐标法初步放样出主点位置，一条轴线上至少设置3个主点。然后把全站仪架设在建筑轴线中间主点上，观测3个主点的水平角，按控制基线定线要求，其夹角值控制在180°±24″为控制基线精度要求，如超出要求，则需调整主点位置。调整方法按建筑基线调整方法反复进行，直到3个主点的水平角满足180°±24″的范围要求。建筑物定位轴线允许偏离理论轴线量为 $L/20000$，且不应大于3.0mm（L 为定位轴线长）。

图1-2　标石埋设施工现场图

工程平面控制网的测设在收到开工通知后7天内完成，并将测设资料书面上报监理工程师审批。

8. 工程测量定位特点和要求

1）吊装单元地面拼装定位要求高，要严格执行焊前、焊后的测量检查制度。

2）了解施工顺序安排，从施工流水的划分、钢结构安装次序、施工进度计划，确定测量放线的先后次序、时间安排，制定详细的细部测量方案。

3）针对本工程的特点和要求，在施工测量工作的组织与管理上，要求测量人员在思想上明确测量对本工程施工的重要性，在施工过程中，严格按以下要求开展工作：

①认真审核施工设计图纸，严格做到按图施测。

②了解测量仪器构造、原理，熟练掌握仪器性能，按仪器操作规程操作，做到仪器检校经常化，及时发现隐患，减小消除误差；严格落实测量工作的检查制度。

③根据工程的特点，合理采用测量方法与校测方法，运用高精度、高速度的施测能力，保障好工程的有序施工，使测量工作成为一道智能化施工手段。

1.1.2　高程控制网设置

1. 高程控制网

高程控制网是大地控制网的一部分，是在一个国家或一个地区范围内，测定一系列统一而精确的地面点的高程所构成的网。高程控制网用水准测量方法建立，一般采用从整体到局部、逐级建立控制的原则，按次序与精度分为Ⅰ、Ⅱ、Ⅲ、Ⅳ等水准测量。

水准测量的施测路线称为"水准路线"，一等水准路线是高程控制骨干，是研究地壳垂直移动和解决科学研究的主要依据。各等水准路线上每隔一定距离埋设水准标石，该点称为"水准点"，即高程控制点。

首级高程控制网为建设单位提供的城市高程控制网，首级高程控制引测前应使用电子精密水准仪并采用往返或闭合水准测量方法复核。施工现场内布置Ⅱ级高程控制网，作为施工现场测量标高的基准点使用。高程控制网设置示意图如图1-3所示。

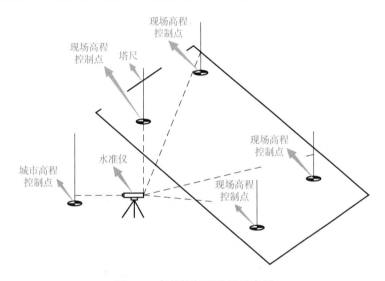

图 1-3　高程控制网设置示意图

2. 高程控制网的布设

根据总承包移交的水准基准点，建立水准基点组。各水准点点位要设在基坑开挖和地面受开挖影响而下沉的范围之外，水准点桩顶标高应略高于场地设计标高，桩底应低于冰冻层，以便长期保留。通常也可在平面控制网的桩顶钢板上，焊上一个小半球作为水准点之用。为了便于施工测量，整个场地内，东西或南北每相距50m左右要有水准点，并构成闭合图形，以便闭合校核。水准基点组可选6个水准点均匀地布置在施工现场四周，水准点采用同M8膨胀螺栓的钢筋打入混凝土作为标志。由水准基准点组成闭合路线，各点间的高程进行往返观测，闭合路线的闭合误差应小于 $\pm 5\sqrt{n}$ mm（n 为测站数）。

水准测量作业结束后，每条水准路线须以测段往返高差不符值计算每千米水准测量高差的偶然中误差 M_Δ 和全中误差 M_W。

高差偶然中误差

$$M_{\Delta} = \sqrt{\frac{1}{4n}\left(\frac{\Delta\Delta}{L}\right)} \qquad (1\text{-}1)$$

式中 Δ——水准路线测段往返高差不符值（mm）；

   L——水准测段长度；

   n——往返测的水准路线测段数。

高差全中误差

$$M_{W} = \sqrt{\frac{1}{N}\left(\frac{WW}{L}\right)} \qquad (1\text{-}2)$$

式中 W——闭合差；

   L——计算各 W 时，相应的路线长度（km）；

   N——闭合路线或闭合路线环的个数。

3. 测设方法

由于大多数工程结构标高落差较大，运用常规的水准测量可能达不到需要的精度要求，需要水准测量、三角高程测量两种测量方法相结合。这两种方法虽然各有特色，但都存在着不足。水准测量是一种直接测高法，测定高差的精度是较高的，但水准测量受高度的限制，室外作业工作量大，施测速度较慢。三角高程测量是一种间接测高法，它不受地形起伏的限制，且施测速度较快，在工程测量中广泛应用；但这种方法精度较低，且每次测量都得量取仪器高和棱镜高，麻烦而且增加了误差来源。这次采用全站仪配合跟踪杆量高程的方法，这种方法既结合了水准测量的任一置站的特点，又减少了三角高程的误差来源，同时每次测量时还不必量取仪器高和棱镜高，使三角高程测量精度进一步提高，施测速度更快。

4. 水准测量的精度要求

（1）仪器要求

1）施工中所用到的水准仪必须经过相关检测部门的专业检测，并附有检测报告。

2）水准测量仪器本身精度应根据等级要求满足表1-2的条件。

表1-2   水准测量仪器本身精度等级要求

等级	望远镜放大倍率	水准管分化值
Ⅲ级	24 ~ 30	≤5″/2mm
Ⅳ级	≤20	≤25″/2mm

（2）水准测量的施测要求

1）等级的水准点观测应在水准点埋设两周后进行，观测应在成像清晰、稳定的情况下进行。

2）水准视线长度：Ⅲ等以65m、Ⅳ等以80m为宜。

3）测站前后视距差：Ⅲ等≤2m、Ⅳ等≤4m。

4）两水准点间前后视距累计差：Ⅲ等≤5m、Ⅳ等≤10m。

5）视线距地面高度：Ⅲ等、Ⅳ等≥0.3m。

5. 水准测量遵循原则

在进行水准测量时，为了减小误差，需采取一定的措施以提高测量成果的精度。同时避免在测量结果中存在错误，因此在进行水准测量时，应注意以下几点：

1）观测前对所用仪器和工具，必须认真进行检验和校正。

2）在野外测量过程中，水准仪及水准尺应尽量安置在坚实的地面上。三脚架和尺垫要踩实，以防仪器和尺子下沉；前、后视距离应尽量相等，以消除视准轴不平行水准管轴的误差和地球曲率与大气折光的影响。

3）前、后视距离不宜太长，一般不要超过100m。视线高度应使上、中、下三丝都能在水准尺上读数，以减少大气折光影响。

4）水准尺必须扶直，不得倾斜。使用过程中，要经常检查和清除尺底的泥土。塔尺衔接处要卡住，防止二、三节塔尺下滑。

5）完数后应再次检查气泡是否仍然吻合，否则应重读。

6）记录员要复诵读数，以便核对。记录要整洁、清楚、端正。如果有错，不能用橡皮擦去，而应在错误处划一横，在旁边注上改正后的数字。

7）在烈日下作业要撑伞遮住阳光，避免气泡因受热不均而影响其稳定性。

1.1.3 平面控制网引测

将激光垂准仪安置在已做好的控制点上，对中整平后，仪器发射激光束，穿过楼板洞口而直射到激光接收靶上。利用激光垂准仪将内控点投测到施工层后，用全站仪复核内控点间距离和各边角度，进行平差，确定点位。平面控制网引测示意图如图1-4所示。

城市中，感觉导线测量对周围环境的要求不是很高，观测方向少，相邻点通视等要求比较好达到，导线的布设比较灵活，观测和计算工作较简便，但是控制面积小，缺乏有效可靠的检核方法；三角测量控制面积大，有利于加密图根控制网，但是需要构成固定的图形，点位的选择相对来说限制因素比较多；GPS 与以上两种方法相比，相对平面定位精度高，作业的速度快，经济效益好，测量时无须通视，但是 GPS 测量易受干扰（较大反射面或电磁辐射源），对地形地物的遮挡高度有要求。

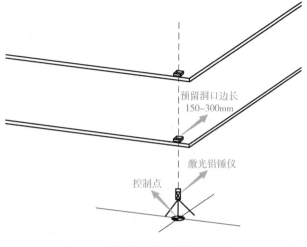

图 1-4　平面控制网引测示意图

1.1.4　高程控制网引测

地下室高程标高点的引测：根据现场二级高程控制点向基槽内用水准仪、水准尺和 50m 钢卷尺导引标高。

地上部分标高点的引测：每 40 ~ 50m 划分为一个垂直引测阶段，然后通过 50m 钢卷尺顺着钢柱或核心筒垂直往上引测，然后引测到墙柱上。用全站仪等通过激光预留洞口垂直向上引测至测量操作平台，然后用水准仪将基准标高转移到剪力墙面距离楼层结构面+ 1.000m 处，并弹墨线标示。地下室、地上主体施工阶段高程引测示意图如图 1-5、图 1-6 所示。

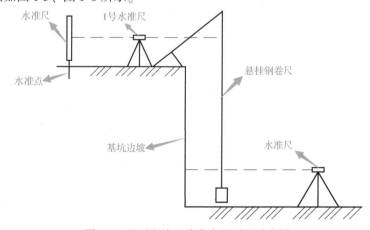

图 1-5　地下室施工阶段高程引测示意图

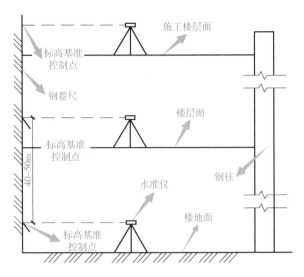

图 1-6 地上主体施工阶段高程引测示意图

1.2 钢柱施工测量

1.2.1 钢柱轴线测量

通常采用全站仪对外围各个柱顶进行坐标测量,全站仪如图 1-7 所示。

图 1-7 全站仪实物图

架设全站仪在投递引测上来的测量控制点或任意位置上,照准一个或几个后视点,建立本测站坐标系统,配合小棱镜,对中杆或激光反射片等测量各柱顶中心的三维坐标。钢柱轴线测量如图 1-8、图 1-9 所示。

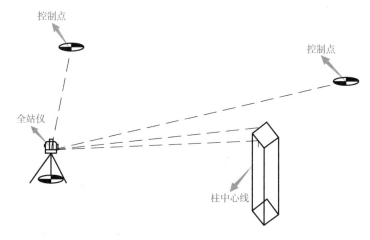

图 1-8　钢柱轴线测量示意图

图 1-9　钢柱轴线测量施工现场图

1.2.2　钢柱标高测量

　　钢柱标高测量通常采用水准仪（图1-10），先对后视读数，也就是把塔尺放在已知高程的水准点上，读出读数（记为后视读数）；再把塔尺放在要测的点上，读出读数（记为前视读数），然后计算柱顶实际标高。对于受条件限制无法采用水准仪的可以用全站仪进行测量。钢柱标高测量示意

图 1-10　水准仪实物图

图如图 1-11 所示。

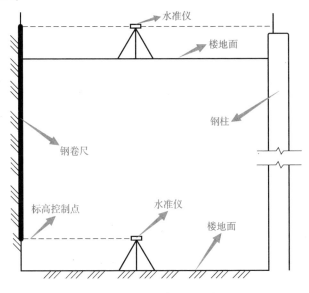

图 1-11　钢柱标高测量示意图

1.2.3　钢柱垂直度测量

进行垂直度和地面沉降测量的目的是分析出建筑物的当前状况，并根据其他参数分析出建筑物出现倾斜或者沉陷的原因，进而给出应对措施，而不同的测量方法精度差异也较大，因此必须高度重视测量方法的选取。比如在无风环境下可以利用吊锤放线的方式进行测量，此法简单易行；但是如果在风力较大、建筑物高度很高的情况下，就需要利用激光垂准仪进行垂直度偏差监测，以提高精度。同时在进行建筑物垂直度监测时，要及时根据建筑物特点和监测需求更换方法。

激光垂准仪内控法是一种铅锤定位测量的方法，适用于高层建筑的内控点铅锤定位测量（激光传递的有效距离为 50m），该仪器可以上下两个方向发射铅锤激光束，用它作为铅锤基准线，精度比较高。

在柱身相互垂直的两个方向用经纬仪照准钢柱柱顶处侧面中心点，然后比较该中心点的投影点与柱底侧面对应中心点的差值，即为钢柱此方向垂直度的偏差值。仪器架设位置与柱轴线夹角不宜大于 15°，架设位置不宜小于 2 倍柱高。钢柱垂直测量示意图如图 1-12 所示。

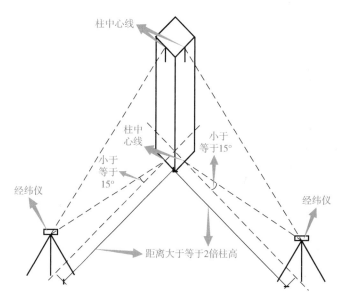

图 1-12　钢柱垂直测量示意图

1.3　钢结构施工测量实例分析

1.3.1　平面控制网设置实例

石家庄新合作大厦地下室阶段平面控制网沿建筑基坑边连续布置，布设时兼顾主楼和副楼，相邻控制点间距控制在 50m 左右，如图 1-13、图 1-14 所示。

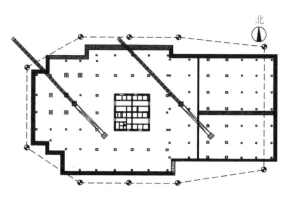

图 1-13　平面控制网设置示意图

图 1-14　平面控制网施工现场图

1.3.2　高程控制网设置实例

石家庄新合作大厦设置高程控制网时，采用 DS03 高精密自动安平水准仪将石家庄市高程控制点引测至现场指定位置，采用往返闭合水准测量方法复核，如图 1-15、图 1-16 所示。

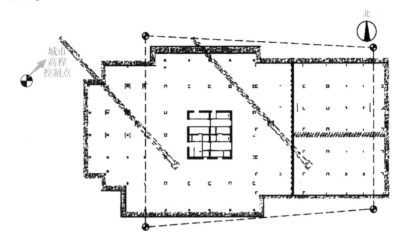

图 1-15　高程控制网设置示意图

图 1-16　高程控制网设置现场图

1.3.3　钢柱标高测量实例

沈阳茂业中心项目钢柱标高测量时，利用从基点引测至核心筒墙体上的楼层标高控制线进行测量，在钢柱焊接前、后进行钢柱柱顶标高测量，每根钢柱测量 2 或 3 个点，记录最高点和最低点，为后续标高调整提供依据，如图 1-17 所示。

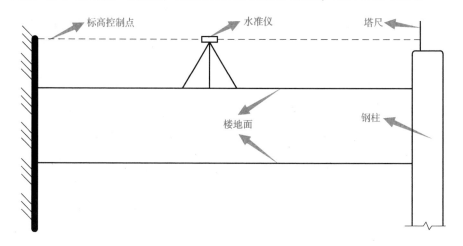

图 1-17　钢柱标高测量示意图

1.4　常见测量问题原因及控制方法

1.4.1　测量标高偏差超差控制

1. 原因

安装累计误差；钢柱牛腿制造偏差超差。

2. 标准

可参见《钢结构工程施工质量验收标准》（GB 50205—2020）附录（表 1-3）。

表 1-3　多层及高层钢结构中构件安装的允许偏差　　（单位：mm）

项目	允许偏差	图例	检验方法
上、下柱连接处的错口 Δ	3.0		用钢尺检查

（续）

项目	允许偏差	图例	检验方法
同一层柱的各柱顶高度差 Δ	5.0		用水准仪检查
同一根梁两端顶面的高差 Δ	1/1000 且不应大于 10.0		用水准仪检查
主梁与次梁表面的高差 Δ	±2.0		用直尺和钢卷尺检查
压型金属板在钢梁上相邻的错位 Δ	15.00		用直尺和钢卷尺检查

3. 控制方法

1）及时复测柱顶标高，消除累计误差。

2）加强构件进场验收。

1.4.2　垂直度偏差过大控制

1. 原因

1）制造尺寸超差、安装顺序不当、焊接施工的影响导致垂直度偏差过大。

①钢柱焊接顺序是对称式焊接，如图 1-18 所示。

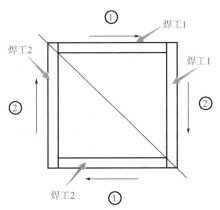

图 1-18　钢柱焊接顺序示意图

②焊接坡口加工尺寸和装配间隙应符合相关要求，如图1-19所示。

图1-19　施焊测量示意图

2）钢柱吊装完成后，柱脚垫块没有及时垫好，或者垫块不平衡。

2. 标准

单节钢柱垂直度允许偏差为$h/1000$，且≤10.0mm。

3. 垂直度超差防治

1）单层、多层及高层钢结构安装加强构件进场验收，构件安装从角柱向中间顺序进行。

2）焊接过程应采取合理的焊接顺序，避免因焊接应力导致钢柱垂直度偏差，必要时采取防变形措施限制焊接变形。

3）单节钢柱垂直度允许偏差为$h/1000$，且不应大于10mm。

4）钢柱吊装完成后，要在柱脚的四个方向及时加塞钢垫块，防止钢柱加荷后失稳变形。当测量校正完成之后，要及时进行二次灌浆，并要确保灌浆质量。

细高钢柱垂直偏差过大和垂直度测量现场照片如图1-20、图1-21所示。

图1-20　细高钢柱垂直偏差过大现场照片　　　图1-21　垂直度测量现场照片

1.4.3　钢柱对接错口超差控制

1. 原因

构件制造尺寸超差；现场安装校正操作有误。

2. 标准

上下柱连接处的错口偏差≤t/10mm，且不大于 3mm。

3. 控制方法

1）加强构件进场验收，上下柱连接处的错口偏差≤3mm。

2）加强交底培训，强化过程监督。

对接口测量和对接口测量通病现场照片如图 1-22、图 1-23 所示。

图 1-22　对接口测量现场照片　　　　图 1-23　对接口测量通病现场照片

1.4.4　节点接头间距超差控制

1. 原因

未对扭转、错口、错边、焊缝间隙等进行全面接合；构件制造尺寸超差。

2. 标准

1）现场焊缝无垫板时，间隙允许偏差为 0 ~ +3.0mm。

2）现场焊缝有垫板时，间隙允许偏差为 –2.0 ~ +3.0mm。

3. 控制方法

1）构件校正应相互考虑四周对接质量情况，在规范允许的误差范围内将正偏差与负偏差进行接合。

2）加强构件进场验收。

第2章 钢结构焊接工程

2.1 钢结构焊接工艺

2.1.1 焊接方式

钢结构焊接时，根据焊缝的施焊位置的不同，有平焊、立焊、横焊和仰焊四种，如图2-1所示。焊缝的施焊位置如图2-2所示。

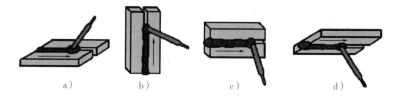

图 2-1 钢结构焊接方式

a）平焊 b）立焊 c）横焊 d）仰焊

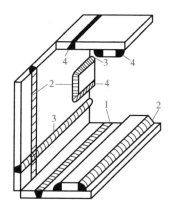

图 2-2 焊缝的施焊位置

1—平焊 2—立焊 3—横焊 4—仰焊

2.1.2　焊接方式的选择

焊接技术在钢结构制造领域有很多应用实例,如工业建筑结构、办公建筑、樯桅类结构、中塔类结构、烟囱类结构、桥梁、管道、水场建筑、轨道交通、储料库、容器等。目前焊接钢结构大量使用型材和厚板。用于焊接结构制造的重要工艺包括:火焰切割、机械剪切、弯边、弯曲、部分机械化 MAG 焊、全机械化 MAG 和 UP 焊等。焊接方式的选择见表 2-1 至表 2-3。

表 2-1　焊接方式的选择

焊接类别			使用特点	适用场合
电弧焊	焊条电弧焊	交流焊机	设备简单,操作灵活方便,可进行各种位置的焊接,不减弱构件截面,保证质量,施工成本低	焊接普通钢结构,为工地广泛应用的焊接方法
		直流焊机	焊接技术与使用交流焊机相同,焊接时电弧稳定,但施工成本比采用交流焊机高	用于焊接质量要求较高的钢结构
	埋弧焊		是在焊剂下熔化金属的,焊接热量集中,熔深大,效率高,质量好,没有飞溅现象,热影响区小,焊缝成型均匀美观;操作技术要低,劳动条件好	在工厂焊接长度较大、板较厚的直线状贴角焊缝和对接焊缝
	半自动焊		与埋弧焊机焊接基本相同,操作较灵活,但使用不够方便	焊接较短的或弯曲形状的帖角和对接焊接
	CO_2 气体保护焊		是用 CO_2 或惰性气体代替焊药保护电弧的光焊丝焊拉;可全位置焊接,质量较好,熔速快,效率高,省电,焊后不用清除焊渣,但焊时应避风	薄钢板和其他金属焊接,大厚度钢柱、钢梁的焊接
电渣焊			利用电流通过液态熔渣所产生的电阻热焊接,能焊大厚度焊缝	大厚度钢板、大直径圆钢和铸钢等的焊接
气焊			利用乙炔、氧气的混合燃烧的火焰熔融金属进行焊接。焊接有色金属、不锈钢时,需气焊粉保护	薄钢板、铸铁、连接件和堆焊
接触焊			利用电流通过焊件时产生的电阻热焊接	钢筋对焊、钢筋网点焊、预埋铁件焊接
高频焊			利用高频电阻产生的热量进行焊接	薄壁钢管的纵向焊缝

表2-2　焊接电流的选择

焊接类别	焊条焊丝直径/mm	焊接电流/A
手工焊接	2.5	20 ~ 30d
	3.2	30 ~ 40d
	4.0 ~ 6.0	40 ~ 55d
埋弧自动焊	3.0	350 ~ 600
	4.0	500 ~ 800
	5.0	700 ~ 1000

注：1. 本表为平焊，多为立焊、低焊时，电流比平焊减少10% ~ 15% 。

　　2. d 为焊条直径。

表2-3　焊剂、电焊机的选择

焊剂型号	使用电焊机	适用范围
焊剂130	交直流	用于低碳钢、普通低碳钢焊接
焊剂140	直流	用于电渣焊接低碳和普通低碳钢结构，可改善焊缝力学性能
焊剂230	交直流	焊接低碳钢（用焊丝 H08MnA）和普通低碳钢（用焊丝 H10Mn2）
焊剂253	直流	焊接低合金钢薄板结构
焊剂330	交直流	焊接重要的低碳钢和普通低碳钢，如锅炉、压力容器等
焊剂360	交直流	用于电渣焊接大型低碳钢结构和低合金钢结构
焊剂430	交直流	焊接重要的低碳钢结构和低合金钢结构
焊剂431	交直流	焊接重要的低碳钢结构和低合金结构
焊剂432	交直流	焊接重要的低碳钢和低合金钢薄板结构
焊剂433	交直流	焊接低碳钢结构，适用于管道、容器的环缝、纵缝快速焊接

2.1.3　焊接特点与要点

1. 平焊

（1）焊接特点

1）熔焊金属主要依靠自重向熔池过渡。

2）熔池形状和熔池金属容易保持、控制。

3）焊接同样板厚的金属，平焊位置的焊接电流比其他焊接位置的电流大，生产效率高。

4）熔渣和熔池容易出现混淆现象，特别是焊接平角焊缝时，熔渣容易超前而形成夹渣。酸性焊条熔渣与熔池不易分清；碱性焊条两者比较清楚；HG20581 标准上明确表示：酸性焊条不能用于 Ⅱ 、Ⅲ 类容器。

5）焊接参数和操作不当时，易形成焊瘤、咬边、焊接变形等缺陷。

6）单面焊背面自由成型时，第一道焊缝容易产生焊透程度不均、背面成型不良等形象。

7）焊接时，焊条的运行角度应根据两焊件的厚度确定。焊条角度有两个方向：一个是焊条与焊接前进方向的夹角为 $60°\sim75°$，如图 2-3a 所示；二是焊条与焊件左右侧夹角有两种情况，当两焊件厚度相等时，焊条与焊件的夹角均为 $45°$，如图 2-3b 所示；当两焊件厚度不等时，焊条与较厚焊件一侧的夹角应大于焊条与较薄焊件一侧的夹角，如图 2-3c 所示。

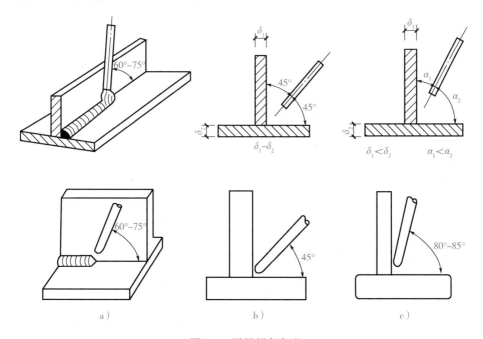

图 2-3　平焊焊条角度

a）焊条与前进方向夹角　b）焊条与焊件左右侧夹角（相等）　c）焊条与焊件左右侧夹角（不等）

（2）焊接要点

1）根据板厚可以选用直径较大的焊条和较大的焊接电流焊接。

2）焊接时焊条与焊件成 $60°\sim80°$ 夹角，控制好熔渣和液态金属分离，防止熔渣出现超前现象。

3）当板厚≤6mm时，对接平焊一般开Ⅰ形坡口，正面焊缝宜采用φ3.2～4的焊条短弧焊接，熔深可达板厚的2/3；背面封底前，可以不清根（重要结构除外），但熔渣要清理干净，电流可以大些。

4）对接平焊若有熔渣和熔池金属混合不清现象时，可将电弧拉长、焊条前倾，并做向熔池后方推送熔渣的动作，防止夹渣产生。

5）焊接水平倾斜焊缝时，宜采用上坡焊，防止夹渣和熔池向前方移动，避免夹渣。

6）采用多层多道焊时，应注意选好焊道数和焊接顺序，每层不宜超过4～5mm。

7）T形、角接、搭接的平角焊接接头，若两板厚度不同，应调整焊条角度将电弧偏向厚板一边，使两板受热均匀。

2. 立焊

（1）焊接特点

1）熔池金属与熔渣因自重下坠，容易分离。

2）熔池温度过高时，熔池金属易下淌形成焊瘤、咬边、夹渣等缺陷，焊缝不平整。

3）T形接头焊缝根部容易形成未焊透。

4）熔透程度容易掌握。

5）焊接生产率较平焊低。

（2）焊接要点

1）保持正确的焊条角度，焊条角度根据焊件厚度确定。

2）生产中常用的是向上立焊，向下立焊要用专用焊条才能保证焊缝质量。向上立焊时焊接电流比平焊时小10%～15%，且应选用较小的焊条直径（<4mm）。

3）采用短弧施焊，缩短熔滴过渡到熔池的距离。两焊接件厚度相等，焊条与焊件左右方向夹角均为45°，如图2-4a所示。两焊件厚度不等时，焊条与较厚焊件一侧的夹角应大于较薄一侧，如图2-4b所示；焊条应与垂直面形成60°～80°角，如图2-4c所示，使电弧略向上，吹向熔池中心。

3. 横焊

（1）焊接特点

1）熔化金属因自重易下坠于坡口上，造成上侧产生咬边缺陷，下侧形成泪滴形焊瘤或未焊透缺陷。

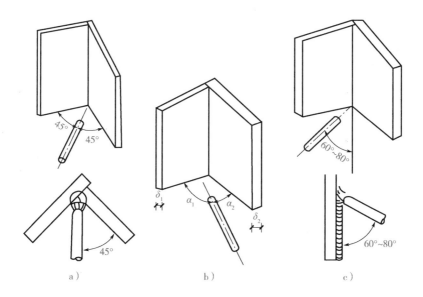

图 2-4　立焊焊条角度

a）焊件厚度相等　b）焊件厚度不等　c）焊条与垂直面形成角度

2）熔化金属与熔渣易分离，略似立焊。

（2）焊接要点

1）对接横焊开坡口一般为 V 形或 K 形，板厚 3~4mm 的对接接头可用 I 形坡口双面焊。

2）选用小直径焊条，焊接电流较平焊时小些，短弧操作能较好地控制熔化金属流淌，如图 2-5 所示。

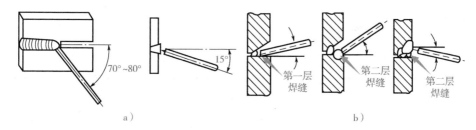

图 2-5　横焊

a）不开坡口的焊接　b）开坡口的焊接

4. 仰焊

（1）焊接特点

1）熔化金属因重力作用而下坠，熔池形状和大小不易控制。

2）运条困难，焊件表面不易焊得平整。

3）易出现夹渣、未焊透、焊瘤及焊缝成型不良等缺陷。

4）融化的焊缝金属飞溅扩散，容易造成烫伤事故。

5）仰焊比其他位置焊效率都低。

（2）焊接要点

1）对接焊缝仰焊，当焊件厚度≤4mm时，采用Ⅰ形坡口，选用直径3.2mm的焊条，焊接电流要适中；焊接厚度≥5mm时，应采用多层多道焊。

2）T形接头焊缝仰焊，当焊脚小于8mm时，应采用单层焊，焊脚大于8mm时采用多层多道焊。如图2-6所示。

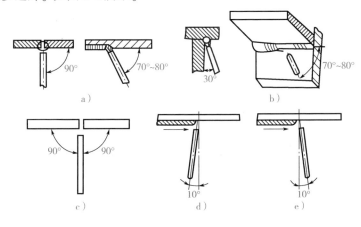

图2-6　仰焊

a）仰对接焊　b）角接接头仰焊　c）焊条与焊件两边的相对位置

d）熔深小的焊条角度　e）熔深大的焊条角度

焊接方法及焊透种类代号应符合表2-4的规定。

表2-4　焊接方法及焊透种类代号

代号	焊接方法	焊透种类
MC	焊条电弧焊	完全焊透
MP		部分焊透
GC	气体保护电弧焊	完全焊透
GP	药芯焊丝自保护焊	部分焊透
SC	埋弧焊	完全焊透
SP		部分焊透
SL	电渣焊	完全焊透

2.2　钢结构焊接施工操作与技巧

2.2.1　示意图和施工实际案例展示

钢结构焊接施工示意图和施工实际案例展示分别如图 2-7 和图 2-8 所示。

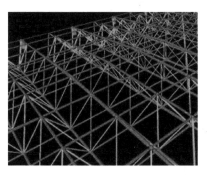

图 2-7　焊接示意图　　　　图 2-8　焊接施工现场

2.2.2　技术要求

1. 主要机具

电焊机（交、直流）、焊把线、焊钳、面罩、小锤、焊条烘箱、焊条保温桶、钢丝刷、石棉条、测温计等。

2. 作业条件

1）熟悉图纸，做焊接工艺技术交底。

2）施焊前应检查焊工合格证有效期限，应证明焊工所能承担的焊接工作。

3）现场供电应符合焊接用电要求。

4）环境温度低于0℃，对预热、后热温度应根据工艺试验确定。

3. 技术要点

（1）平焊

1）清理焊口：焊前检查坡口、组装间隙是否符合要求，定位焊是否牢固，焊缝周围不得有油污、锈物。

2）焊接电流：根据焊件厚度、焊接层次、焊条型号、直径、焊工熟练程度等因素选择适宜的焊接电流。

3）焊接速度：要求等速焊接，保证焊缝厚度、宽度均匀一致，从面罩内看熔池中铁水与熔渣，保持等距离（2~3mm）为宜。

4）焊接角度：根据两焊件的厚度确定，焊接角度有两个方面，一是焊条与焊接前进方向的夹角为60°~75°。二是焊条与焊接左右夹角有两种情况，当焊件厚度相等时，焊条与焊件夹角均为45°；当焊件厚度不等时，焊条与较厚焊件一侧夹角应大于焊条与较薄焊件一侧夹角。

5）收弧：每条焊缝焊到末尾，应将弧坑填满后，往焊接方向相反的方向带弧，使弧坑甩在焊道里边，以防弧坑咬肉。焊接完毕，应采用气割切除弧板，并修磨平整，不许用锤击落。

6）清渣：整条焊缝焊完后清除熔渣，经焊工自检（包括外观及焊缝尺寸等）确无问题后，方可转移地点继续焊接。

（2）立焊　基本操作工艺过程与平焊相同，但应注意下述问题：

1）在相同条件下，焊接电源比平焊电流小10%~15%。

2）采用短弧焊接，弧长一般为2~3mm。

3）焊条角度根据焊件厚度确定。两焊件厚度相等，焊条与焊条左右方向夹角均为45°；两焊件厚度不等时，焊条与较厚焊件一侧的夹角应大于较薄一侧的夹角。焊条应与垂直面形成60°~80°角，使角弧略向上，吹向熔池中心。

4）收弧：当焊到末尾，采用排弧法将弧坑填满，把电弧移至熔池中央停弧。严禁使弧坑甩在一边。为了防止咬肉，应压低电弧变换焊条角度，使焊条与焊件垂直或由弧稍向下吹。

（3）横焊　基本与平焊相同，焊接电流比同条件平焊的电流小10%~15%，电弧长2~4mm。横焊时焊条应向下倾斜，焊条的角度为70°~80°，以防止铁水下坠。根据两焊件的厚度不同，可适当调整焊条角度，焊条与焊接前进方向角度为70°~90°。

（4）仰焊　基本与立焊、横焊相同，其焊条与焊件的夹角和焊件厚度有关，焊条与焊件成70°~80°角，宜用小电流、短弧焊接。

2.2.3　操作工艺

作业准备→电弧焊接（平焊、立焊、横焊、仰焊）→焊缝检查。

2.2.4　操作技巧

1）冬期低温焊接在环境温度低于 0℃ 条件下进行电弧焊时，除遵守常温焊接的有关规定外，应调整焊接工艺参数，使焊缝和热影响区缓慢冷却。风力超过 4 级，应采取挡风措施；焊后未冷却的接头，应避免碰到冰雪。

2）钢结构为防止焊接裂纹，应预热，以控制层间温度。当工作地点温度在 0℃ 以下时，应进行工艺试验，以确定适当的预热、后热温度。

2.2.5　注意事项

1）焊接材料应符合设计要求和有关标准的规定，应检查质量证明书及烘焙记录。

2）焊工必须经考试合格，检查焊工相应施焊条件的合格证及考核日期。

3）Ⅰ、Ⅱ级焊缝必须经探伤检验，并应符合设计要求和施工及验收规范的规定，检查焊缝探伤报告。

4）焊缝表面Ⅰ、Ⅱ级焊缝不得有裂纹、焊瘤、烧穿、弧坑等缺陷。Ⅰ级焊缝不得有表面气孔、夹渣、弧坑、裂纹、电弧擦伤等缺陷，且Ⅰ级焊缝不得有咬边、未焊满等缺陷。

2.2.6　施工总结

（1）焊缝外观　焊缝外形均匀，焊道与焊道、焊道与基本金属之间过渡平滑，焊渣和飞溅物清除干净。

（2）表面气孔　Ⅰ、Ⅱ级焊缝不允许有表面气孔；Ⅲ级焊缝每 50mm 长度焊缝内允许有直径 $\leqslant 0.4t$ 且 $\leqslant 3mm$ 的气孔 2 个；气孔间距 $\leqslant 6$ 倍孔径（t 为连接处较薄的板厚）。

（3）咬边　Ⅰ级焊缝不允许咬边。Ⅱ级焊缝咬边深度 $\leqslant 0.05t$ 且 $\leqslant 0.5mm$，连续长度 $\leqslant 100mm$，且两侧咬边总长 $\leqslant 10\%$ 焊缝长度。Ⅲ级焊缝咬边深度 $\leqslant 0.1t$ 且 $\leqslant 1mm$。

2.3　焊接工艺评定

2.3.1　一般规定

1）除符合《钢结构焊接规范》（GB 50661—2011）规定的免予评定条件外，

施工单位首次采用的钢材、焊接材料、焊接方法、接头形式、焊接位置、焊后热处理制度以及焊接工艺参数、预热和后热措施等各种参数的组合条件，应在钢结构构件制作及安装施工之前进行焊接工艺评定。

2）应由施工单位根据所承担钢结构的设计节点形式、钢材类型和规格、采用的焊接方法、焊接位置等，制订焊接工艺评定方案，拟定相应的焊接工艺评定指导书，按本规范的规定施焊试件、切取试样并由具有相应资质的检测单位进行检测试验，测定焊接接头是否具有所要求的使用性能，并出具检测报告；应由相关机构对施工单位的焊接工艺评定施焊过程进行见证，并由具有相应资质的检查单位根据检测结果及本规范的相关规定对拟定的焊接工艺进行评定，并出具焊接工艺评定报告。

3）焊接工艺评定的环境应反映工程施工现场的条件。

4）焊接工艺评定中的焊接热输入、预热、后热制度等施焊参数，应根据被焊材料的焊接性制订。

5）焊接工艺评定所用设备、仪表的性能应处于正常工作状态，焊接工艺评定所用的钢材、栓钉、焊接材料必须能覆盖实际工程所用材料并应符合相关标准要求，并应具有生产厂出具的质量证明文件。

6）焊接工艺评定试件应由该工程施工企业中持证的焊接人员施焊。

7）焊接工艺评定所用的焊接方法、施焊位置分类代号应符合表2-5、表2-6及图2-9至图2-12的规定。

表2-5　焊接方法分类

焊接方法类别号	焊接方法	代号
1	焊条电弧焊	SMAW
2-1	半自动实心焊丝二氧化碳气体保护焊	GMAW-CO_2
2-2	半自动实心焊丝富氩+二氧化碳气体保护焊	GMAW-Ar
2-3	半自动药芯焊丝二氧化碳气体保护焊	FCAW-G
3	半自动药芯焊丝自保护焊	FCAW-SS
4	非熔化极气体保护焊	GTAW
5-1	单丝自动埋弧焊	SAW-S
5-2	多丝自动埋弧焊	SAW-M
6-1	熔嘴电渣焊	ESW-N
6-2	丝极电渣焊	ESW-W

（续）

焊接方法类别号	焊接方法	代号
6-3	板极电渣焊	ESW-P
7-1	单丝气电立焊	EGW-S
7-2	多丝气电立焊	EGW-M
8-1	自动实心焊丝二氧化碳气体保护焊	GMAW-CO_2A
8-2	自动实心焊丝富氩 + 二氧化碳气体保护焊	GMAW-ArA
8-3	自动药芯焊丝二氧化碳气体保护焊	FCAW-GA
8-4	自动药芯焊丝自保护焊	FCAW-SA
9-1	非穿透栓钉焊	SW
9-2	穿透栓钉焊	SW-P

表 2-6 施焊位置分类

焊接位置	代号		焊接位置	代号
板材	平	F	管材 水平转动平焊	1G
	横	H	竖立固定横焊	2G
	立	V	水平固定全位置焊	5G
	仰	O	倾斜固定全位置焊	6G
			倾斜固定加挡板全位置焊	6GR

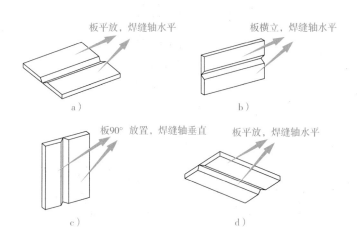

图 2-9 板材对接试件焊接位置

a）平焊位置 F b）横焊位置 H c）立焊位置 V d）仰焊位置 O

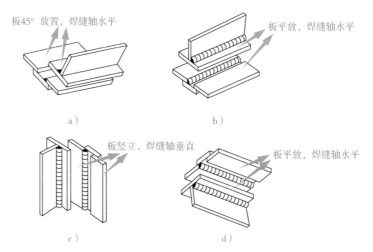

图 2-10　板材铰接试件焊接位置

a）平焊位置 F　b）横焊位置 H　c）立焊位置 V　d）仰焊位置 O

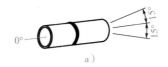

管平放（±15°）焊接时转动，在顶部及附近平焊

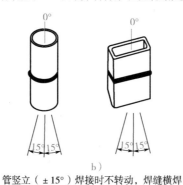

管竖立（±15°）焊接时不转动，焊缝横焊

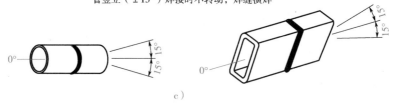

管平放并固定（±15°）施焊时不转动，焊缝平、立、仰焊

图 2-11　管材对接试件焊接位置

a）焊接位置 1G（转动）　b）焊接位置 2G　c）焊接位置 5G

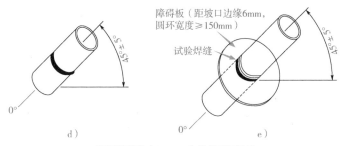

管倾斜固定（45°±5°）焊接时不转动

图 2-11　管材对接试件焊接位置（续）

d）焊接位置 6G　e）焊接位置 6GR（T、K 或 Y 形连接）

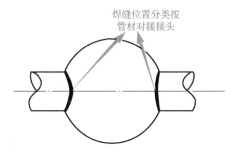

图 2-12　管-球接头试件

8）焊接工艺评定结果不合格时，可在原焊件上就不合格项目重新加倍取样进行检验。如还不能达到合格标准，应分析原因，制订新的焊接工艺评定方案，按原步骤重新评定，直到合格为止。

9）除符合《钢结构焊接规范》（GB 50661—2011）规定的免于评定条件外，对于焊接难度等级为 A、B、C 级的钢结构焊接工程，其焊接工艺评定有效期应为 5年；对于焊接难度等级为 D 级的钢结构焊接工程应按工程项目进行焊接工艺评定。

10）焊接工艺评定文件包括焊接工艺评定报告、焊接工艺评定指导书、焊接工艺评定记录表、焊接工艺评定检验结果表及检验报告，应报相关单位审查备案。

2.3.2　焊接工艺评定替代规则

1）不同焊接方法的评定结果不得互相替代。不同焊接方法组合焊接可用相应板厚的单种焊接方法评定结果替代，也可用不同焊接方法组合焊接评定，但弯曲及冲击试样切取位置应包含不同的焊接方法；同种牌号钢材中，质量等级高的钢材可替代质量等级低的钢材，质量等级低的钢材不可替代质量等级高的钢材。

2）除栓钉焊外，不同钢材焊接工艺评定的替代规则应符合下列规定：①不同类别钢材的焊接工艺评定结果不得互相替代；②Ⅰ、Ⅱ类同类别钢材中当强度和质量等级发生变化时，在相同供货状态下，高级别钢材的焊接工艺评定结果可替代低级别钢材；Ⅲ、Ⅳ类同类别钢材中的焊接工艺评定结果不得相互替代；除Ⅰ、Ⅱ类别钢材外，不同类别的钢材组合焊接时应重新评定，不得用单类钢材的评定结果替代；③同类别钢材中轧制钢材与铸钢、耐候钢与非耐候钢的焊接工艺评定结果不得互相替代，控轧控冷（TMCP）钢、调质钢与其他供货状态的钢材焊接工艺评定结果不得互相替代；④国内与国外钢材的焊接工艺评定结果不得互相替代。

3）接头形式变化时应重新评定，但十字形接头评定结果可替代T形接头评定结果，全焊透或部分焊透的T形或十字形接头对接与角接组合焊缝评定结果可替代角焊缝评定结果。

4）评定合格的管材接头，直径的覆盖原则应符合下列规定：①外径小于600mm的管材，其直径覆盖范围不应小于工艺评定试验管材的外径；②外径不小于600mm的管材，其直径覆盖范围不应小于600mm。

5）板材对接与外径不小于600mm的相应位置管材对接的焊接工艺评定可互相替代。

6）除栓钉焊外，横焊位置评定结果可替代平焊位置，平焊位置评定结果不可替代横焊位置。立、仰焊接位置与其他焊接位置之间不可互相替代。

7）有衬垫与无衬垫的单面焊全焊透接头不可互相替代；有衬垫单面焊全焊透接头和反面清根的双面焊全焊透接头可互相替代；不同材质的衬垫不可互相替代。

8）当栓钉材质不变时，栓钉焊被焊钢材应符合下列替代规则：①Ⅲ、Ⅳ类钢材的栓钉焊接工艺评定试验可替代Ⅰ、Ⅰ类钢材的焊接工艺评定试验；②Ⅰ、Ⅱ类钢材的栓钉焊接工艺评定试验可互相替代；③Ⅲ、Ⅳ类钢材的栓钉焊接工艺评定试验不可互相替代。

2.3.3　重新进行工艺评定的规定

（1）焊条电弧焊　下列条件之一发生变化时，应重新进行工艺评定：①焊条熔敷金属抗拉强度级别变化；②由低氢型焊条改为非低氢型焊条；③焊条规格改变；④直流焊条的电流极性改变；⑤多道焊和单道焊的改变；⑥清焊根改为不清焊根；⑦立焊方向改变；⑧焊接实际采用的电流值、电压值的变化超出焊条产品说明书的推荐范围。

（2）熔化极气体保护焊　下列条件之一发生变化时，应重新进行工艺评定：①实心焊丝与药芯焊丝的变换；②单一保护气体种类的变化；混合保护气体的气体种类和混合比例的变化；③保护气体流量增加 25% 以上或减少 10% 以上；④焊炬摆动幅度超过评定合格值的 ±20%；⑤焊接实际采用的电流值、电压值和焊接速度的变化分别超过评定合格值的 10%、7% 和 10%；⑥实心焊丝气体保护焊时熔滴颗粒过渡与短路过渡的变化；⑦焊丝型号改变；⑧焊丝直径改变；⑨多道焊和单道焊的改变；⑩清焊根改为不清焊根。

（3）非熔化极气体保护焊　下列条件之一发生变化时，应重新进行工艺评定：①保护气体种类改变；②保护气体流量增加 25% 以上或减少 10% 以上；③添加焊丝或不添加焊丝的改变；冷态送丝和热态送丝的改变；焊丝类型、强度级别型号改变；④焊炬摆动幅度超过评定合格值的 ±20%；⑤焊接实际采用的电流值和焊接速度的变化分别超过评定合格值的 25% 和 50%；⑥焊接电流极性改变。

（4）埋弧焊　下列条件之一发生变化时，应重新进行工艺评定：①焊丝规格改变；焊丝与焊剂型号改变；②多丝焊与单丝焊的改变；③添加与不添加冷丝的改变；④焊接电流种类和极性的改变；⑤焊接实际采用的电流值、电压值和焊接速度变化分别超过评定合格值的 10%、7% 和 15%；⑥清焊根改为不清焊根。

（5）电渣焊　下列条件之一发生变化时，应重新进行工艺评定：①单丝与多丝的改变；板极与丝极的改变；有、无熔嘴的改变；②熔嘴截面积变化大于 30%，熔嘴牌号改变；焊丝直径改变；单、多熔嘴的改变；焊剂型号改变；③单侧坡口与双侧坡口的改变；④焊接电流种类和极性的改变；⑤焊接电源伏安特性为恒压或恒流的改变；⑥焊接实际采用的电流值、电压值、送丝速度、垂直提升速度变化分别超过评定合格值的 20%、10%、40%、20%；⑦偏离垂直位置超过 10°；⑧成形水冷滑块与挡板的变换；⑨焊剂装入量变化超过 30%。

（6）气电立焊　下列条件之一发生变化时，应重新进行工艺评定：①焊丝型号和直径的改变；②保护气种类或混合比例的改变；③保护气流量增加 25% 以上或减少 10% 以上；④焊接电流极性改变；⑤焊接实际采用的电流值、送丝速度和电压值的变化分别超过评定合格值的 15%、30% 和 10%；⑥偏离垂直位置变化超过 10°；⑦成形水冷滑块与挡板的变换。

（7）栓钉焊　下列条件之一发生变化时，应重新进行工艺评定：①栓钉材质改变；②栓钉标称直径改变；③瓷环材料改变；④非穿透焊与穿透焊的改变；⑤穿透焊中被穿透板材厚度、镀层量增加与种类的改变；⑥栓钉焊接位置偏离平焊位置

25°以上的变化或平焊、横焊、仰焊位置的改变；⑦栓钉焊接方法改变；⑧预热温度比评定合格的焊接工艺降低20℃或高出50℃以上；⑨焊接实际采用的提升高度、伸出长度、焊接时间、电流值、电压值的变化超过评定合格值的±5%；⑩采用电弧焊时焊接材料改变。

2.3.4 免予焊接工艺评定

1）免予评定的焊接工艺必须由该施工单位焊接工程师和单位技术负责人签发书面文件。

2）免予焊接工艺评定的适用范围应符合下列规定：

①免予评定的焊接方法及施焊位置应符合表2-7的规定。

表2-7 免予评定的焊接方法及施焊位置

焊接方法类别号	焊接方法	代号	施焊位置
1	焊条电弧焊	SMAW	平、横、立
2-1	半自动实心焊丝二氧化碳气体保护焊（短路过渡除外）	GMAW-CO$_2$	平、横、立
2-2	半自动实心焊丝富氩＋二氧化碳气体保护焊	GMAW-Ar	平、横、立
2-3	半自动药芯焊丝二氧化碳气体保护焊	FCAW-G	平、横、立
5-1	单丝自动埋弧焊	SAW（单丝）	平、平角
9-2	非穿透栓钉焊	SW	平

②免予评定的母材和焊缝金属组合应符合表2-8的规定，钢材厚度不应大于40mm，质量等级应为A、B级。

表2-8 免予评定的母材和匹配的焊缝金属要求

母材			焊条（丝）和焊剂-焊丝组合分类等级			
钢材类别	母材最小标称屈服强度	钢材牌号	焊条电弧焊 SMAW	实心焊丝气体保护焊 GMAW	药芯焊丝气体保护焊 FCAW-G	埋弧焊 SAW（单丝）
I	<235MPa	Q195 Q215	GB/T 5117 E43XX	GB/T 8110： ER49-X	GB/T 10045： E43XT-X	GB/T 5293： F4AX-H08A
I	≥235MPa且 <300MPa	Q235 Q275 Q235GJ	GB/T 5117： E43XX E50XX	GB/T 8110： ER49-X ER50-X	GB/T 10045： E43XT-X E50XT-X	GB/T 5293： F4AX-H08A GB/T 12470： F48AX-H08MnA

（续）

母材			焊条（丝）和焊剂-焊丝组合分类等级			
钢材类别	母材最小标称屈服强度	钢材牌号	焊条电弧焊 SMAW	实心焊丝气体保护焊 GMAW	药芯焊丝气体保护焊 FCAW-G	埋弧焊 SAW（单丝）
Ⅱ	≥300MPa 且 ≤355MPa	Q345 Q345GJ	GB/T 5117： E50XX GB/T 5118： E5015 E5016-X	GB/T 8110： ER50-X	GB/T 17493： E50XT-X	GB/T 5293： F5AX-H08MnA GB/T 12470： F48AX-H08MnA F48AX-H10Mn2 F48AX-H10Mn2A

③免予评定的最低预热、道间温度应符合表 2-9 的规定。

表 2-9　免予评定的钢材最低预热、道间温度

钢材类别	钢材牌号	设计对焊接材料要求	接头最厚部件的板厚 t/mm	
			t≤20	20＜t≤40
Ⅰ	Q195、Q215、 Q235、Q235GJ Q275、20	非低氢型	5℃	20℃
		低氢型		5℃
Ⅱ	Q345、Q345GJ	非低氢型		40℃
		低氢型		20℃

注：1. 接头形式为坡口对接，一般拘束度。

2. SMAW、GMAW、FCAW-G 热输入约为 15kJ/cm～25kJ/cm；SAW-S 热输入约为 15kJ/cm～45kJ/cm。

3. 采用低氢型焊材时，熔敷金属扩散氢（甘油法）含量应符合下列规定：

①焊条 E4315、E4316 不应大于 8mL/100g；

②焊条 E5015、E5016 不应大于 6mL/100g；

③药芯焊丝不应大于 6mL/100g。

4. 焊接接头板厚不同时，应按最大板厚确定预热温度；焊接接头材质不同时，应按高强度、高碳当量的钢材确定预热温度。

5. 环境温度不应低于 0℃。

3）免予焊接工艺评定的钢材表面及坡口处理、焊接材料储存及烘干、引弧板及引出板、焊后处理、焊接环境、焊工资格等要求应符合本规范的规定。

2.4 钢结构焊接补强与加固

2.4.1 补强与加固要求

1) 编制补强与加固设计方案时,应具备以下技术资料:①原结构的设计计算书和竣工图,当缺少竣工图时,应测绘结构的现状图;②原结构的施工技术档案资料,包括钢材的力学性能、化学成分和有关的焊接性能试验资料,必要时应在原结构构件上截取试件进行检测试验;③原结构的损坏、变形和锈蚀检查记录及其原因分析,并根据损坏、变形及锈蚀情况确定构件(或零件)的实际有效截面;④待加固结构的实际荷载资料。

2) 钢结构的补强或加固设计,应考虑时效对钢材塑性的不利影响,不应考虑时效后钢材屈服强度的提高值。在确认原结构钢材具有良好焊接性能后方可采用焊接方法。

3) 用于补强或加固的零件及焊缝宜对称布置。加固焊缝不宜密集、交叉布置,不宜与受力方向垂直。在高应力区和应力集中处,不宜布置加固焊缝。

4) 用焊接方法补强铆接或普通螺栓连接时,补强后接头的全部荷载应由焊缝承担。

5) 高强度螺栓连接的构件用焊接方法加固时,高强度螺栓摩擦型连接的抗滑力可与焊缝共同工作,但两种连接各自的计算承载力的比值应在 1.0 ~ 1.5 之间。

6) 补强与加固施焊前应清除待焊区域两侧各 50mm 范围内的灰尘、铁锈、油漆和其他杂物。

7) 补强与加固应不影响生产,尽可能做到施工方便,并应满足安全、可靠的要求。对于受气相腐蚀介质作用的钢结构构件,当腐蚀削弱平均量超过原构件厚度的 25% 时,应根据所处腐蚀环境按《工业建筑防腐蚀设计标准》(GB/T 50046—2018)进行分类,并对钢材的强度设计值乘以相应的折减系数:弱腐蚀 0.95,中等腐蚀 0.9,强腐蚀 0.85。

2.4.2 补强与加固方法

(1) 卸载补强与加固 在需补强与加固的位置使构件完全卸载,或将构件拆下进行补强与加固。

（2）负荷状态下的补强与加固　在需补强与加固的位置上未经卸载或仅部分卸载状态下进行补强与加固。

2.4.3　焊接修复或补强

对有缺损的钢构件应按钢结构加固技术标准对其承载能力进行评估，并采取相应措施进行修补。当缺损性质严重、影响结构的安全时，应立即采取卸载加固措施。对一般缺损，可按以下方法进行焊接修复或补强：

1）当缺损为裂纹时，应精确查明裂纹的起止点，在起止点钻出直径为 12 ~ 16mm 的止裂孔，并根据具体情况采用下列方法修补：

①补焊法。用碳弧气刨或其他方法清除裂纹并加工成侧边大于 10° 的坡口，当采用碳弧气刨加工坡口时，应磨掉渗碳层，然后采用低氢型焊条按全焊透对接焊缝的要求进行补焊。补焊前宜将焊接处预热至 100 ~ 150℃。对承受动荷载的结构，应将补焊焊缝的表面磨平。

②双面盖板补强法。补强盖板及其连接焊缝应与构件的开裂截面等强，并应采取适当的焊接顺序，以减小焊接残余应力和焊接变形。

2）对孔洞类缺损的修补，应将孔边修整后采用两面加盖板的方法补强。

3）当构件的变形不影响其承载能力或正常使用时，可不进行处理；否则应根据变形的大小采用下列方法处理：①当变形不大时，应先处理构件的其他缺陷，然后在部分卸载的情况下，宜采用冷加工法矫正；如果采用热加工法矫正时，其加热温度对调质钢应不大于 590℃，对其他钢种应不大于 650℃。当钢材的加热温度高于 315℃时，应在空气中自然冷却，禁止用浇水等方法加速冷却；②当变形较大且难以矫正时，应采取加固措施或更换构件。

2.4.4　焊缝的补强与加固

1）当焊缝缺陷超出容许值时，应进行返修。在处理原有结构的焊缝缺陷时，应根据处理方案对结构安全影响的程度，分别采取卸荷补焊或负荷状态下补焊。

2）角焊缝补强宜采用增加原有焊缝长度（包括增加端焊缝）或增加焊缝计算厚度的方法。

①当负荷状态下采用加大焊缝厚度的方法补强时，被补强焊缝的长度应不小于 50mm，同时原有焊缝在加固时的应力应符合式（2-1）的要求：

$$\sqrt{\sigma_{\mathrm{f}}^{2} + \tau_{\mathrm{f}}^{2}} \leqslant \eta f_{\mathrm{f}}^{\mathrm{w}} \tag{2-1}$$

式中 σ_f、τ_f——角焊缝按有效截面计算垂直于焊缝长度方向的名义应力和沿焊缝
　　　　　　长度方向的名义剪应力；

　　　　η——焊缝强度折减系数，见表 2-10；

　　　　f_f^w——角焊缝的抗剪强度设计值。

表 2-10　焊缝强度折减系数

被加固焊缝的长度/mm	≥600	300	200	100	50
η	1.0	0.9	0.8	0.65	0.25

②补强与加固后的焊缝，其长度与厚度均应符合《钢结构设计标准（附条文说明［另册]）》（GB 50017—2017）的规定。

3）用于补强或加固的零件宜对称布置。加固焊缝宜对称布置，不宜密集、交叉，在高应力区和应力集中处，不宜布置加固。

4）用焊接方法补强铆接或普通螺栓接头时，补强焊缝应承担全部计算荷载。

5）摩擦型高强度螺栓连接的构件用焊接方法加固时，栓接、焊接两种连接形式计算承载力的比值应在 1.0～1.5 范围内。

2.5　钢结构焊接质量控制

2.5.1　焊接变形控制

1）钢结构焊接时，采用的焊接工艺和焊接顺序应能使最终构件的变形和收缩最小。

2）根据构件上焊缝的布置，可按下列要求采用合理的焊接顺序控制变形：①对接接头、T形接头和十字接头，在工件放置条件允许或易于翻转的情况下，宜双面对称焊接；有对称截面的构件，宜对称于构件中性轴焊接；有对称连接杆件的节点，宜对称于节点轴线同时对称焊接；②非对称双面坡口焊缝，宜先在深坡口面完成部分焊缝焊接，然后完成浅坡口面焊缝焊接，最后完成深坡口面焊缝焊接。特厚板宜增加轮流对称焊接的循环次数；③对长焊缝宜采用分段退焊法或多人对称焊接法；④宜采用跳焊法，避免工件局部热量集中。

3）构件装配焊接时，应先焊收缩量较大的接头，后焊收缩量较小的接头，接头应在小的拘束状态下焊接。

4）对于有较大收缩或角变形的接头，正式焊接前应采用预留焊接收缩裕量或反变形方法控制收缩和变形。

5）多组件构成的组合构件应采取分部组装焊接，矫正变形后再进行总装焊接。

6）对于焊缝分布相对于构件的中性轴明显不对称的异形截面的构件，在满足设计要求的条件下，可采用调整填充焊缝熔敷量或补偿加热的方法。

2.5.2　返修焊

1）焊缝金属和母材的缺欠超过相应的质量验收标准时，可采用砂轮打磨、碳弧气刨、铲凿或机械加工等方法彻底清除。对焊缝进行返修，应按下列要求进行：

①返修前，应清洁修复区域的表面。

②焊瘤、凸起或余高过大，应采用砂轮或碳弧气刨清除过量的焊缝金属。

③焊缝凹陷或弧坑、焊缝尺寸不足、咬边、未熔合、焊缝气孔或夹渣等应在完全清除缺陷后进行焊补。

④焊缝或母材的裂纹应采用磁粉、渗透或其他无损检测方法确定裂纹的范围及深度，用砂轮打磨或碳弧气刨清除裂纹及其两端各 50mm 长的完好焊缝或母材，修整表面或磨除气刨渗碳层后，应采用渗透或磁粉探伤方法确定裂纹是否彻底清除，再重新进行焊补；对于拘束度较大的焊接接头的裂纹用碳弧气刨清除前，宜在裂纹两端钻止裂孔。

⑤焊接返修的预热温度应比相同条件下正常焊接的预热温度提高 30～50℃，并应采用低氢焊接材料和焊接方法进行焊接。

⑥返修部位应连续焊接。若中断焊接时，应采取后热、保温措施，防止产生裂纹；厚板返修焊宜采用消氢处理。

⑦焊接裂纹的返修应由焊接技术人员对裂纹产生的原因进行调查和分析，制定专门的返修工艺方案后进行。

⑧同一部位两次返修后仍不合格时，应重新制定返修方案，并经业主或监理工程师认可后方可实施。

2）返修焊的焊缝应按原检测方法和质量标准进行检测验收，填报返修施工记录及返修前后的无损检测报告，作为工程验收及存档资料。

2.5.3　焊件矫正

1）焊接变形超标的构件应采用机械方法或局部加热的方法进行矫正。

2）采用加热矫正时，调质钢的矫正温度严禁超过其最高回火温度，其他供货状态的钢材的矫正温度不应超过 800℃或钢厂推荐温度两者中的较低值。

3）构件加热矫正后宜采用自然冷却，低合金钢在矫正温度高于 650℃时严禁急冷。

2.5.4 焊缝清根

1）全焊透焊缝的清根应从反面进行，清根后的凹槽应形成不小于 10°的 U 形坡口。

2）碳弧气刨清根应符合下列规定：①碳弧气刨工的技能应满足清根操作技术要求；②刨槽表面应光洁，无夹碳、粘渣等；③Ⅲ、Ⅳ类钢材及调质钢在碳弧气刨后，应使用砂轮打磨刨槽表面，去除渗碳淬硬层及残留熔渣。

2.5.5 临时焊缝

1）临时焊缝的焊接工艺和质量要求应与正式焊缝相同。临时焊缝清除时应不伤及母材，并应将临时焊缝区域修磨平整。

2）需经疲劳验算结构中受拉部件或受拉区域严禁设置临时焊缝。

3）对于Ⅲ、Ⅳ类钢材、板厚大于 60mm 的Ⅰ、Ⅱ类钢材、需经疲劳验算的结构，临时焊缝清除后，应采用磁粉或渗透探伤方法对母材进行检测，不允许存在裂纹等缺陷。

2.5.6 引弧和熄弧

1）不应在焊缝区域外的母材上引弧和熄弧。

2）母材的电弧擦伤应打磨光滑，承受动载或Ⅲ、Ⅴ类钢材的擦伤处还应进行磁粉或渗透探伤检测，不得存在裂纹等缺陷。

2.5.7 电渣焊和气电立焊

1）电渣焊和气电立焊的冷却块或衬垫块以及导管应满足焊接质量要求。

2）采用熔嘴电渣焊时，应防止熔嘴上的药皮受潮和脱落，受潮的熔嘴应经过 120℃约 1.5h 的烘焙后方可使用，药皮脱落、锈蚀和带有油污的熔嘴不得使用。

3）电渣焊和气电立焊在引弧和熄弧时可使用钢制或铜制引熄弧块。电渣焊使用的铜制引熄弧块长度不应小于100mm，引弧槽的深度不应小于50mm，引弧槽的截面积应与正式电渣焊接头的截面积一致，可在引弧块的底部加入适当的碎焊丝（$\phi1mm \times 1mm$）便于起弧。

4）电渣焊用焊丝应控制 S、P 含量，同时应具有较高的脱氧元素含量。

5）电渣焊采用 I 形坡口时，如图 2-13 所示，坡口间隙 b 与板厚 t 的关系应符合表 2-11 的规定。

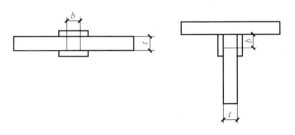

图 2-13 电渣焊 I 形坡口

表 2-11 电渣焊 I 形坡口间隙与板厚关系

母材厚度 t/mm	坡口间隙 b/mm
$t \leq 32$	25
$32 < t \leq 45$	28
$t > 45$	$30 \sim 32$

6）电渣焊焊接过程中，可采用添加焊剂和改变焊接电压的方法，调整渣池深度和宽度。

7）焊接过程中出现电弧中断或焊缝中间存在缺陷，可钻孔清除已焊焊缝，重新进行焊接。必要时应刨开面板采用其他焊接方法进行局部焊补，返修后应重新按检测要求进行无损检测。

2.6 钢结构焊接质量检验

2.6.1 一般规定

1. 焊接检验分类

（1）自检 是施工单位在制造、安装过程中，由本单位具有相应资质的检测人员或委托具有相应检验资质的检测机构进行的检验。

（2）监检　是业主或其代表委托具有相应检验资质的独立第三方检测机构进行的检验。

2. 焊接检验的一般程序

（1）焊前检验

1）按设计文件和相关标准的要求对工程中所用钢材、焊接材料的规格、型号（牌号）、材质、外观及质量证明文件进行确认。

2）焊工合格证及认可范围确认。

3）焊接工艺技术文件及操作规程审查。

4）坡口形式、尺寸及表面质量检查。

5）组对后构件的形状、位置、错边量、角变形、间隙等检查。

6）焊接环境、焊接设备等条件确认。

7）定位焊缝的尺寸及质量认可。

8）焊接材料的烘干、保存及领用情况检查。

9）引弧板、引出板和衬垫板的装配质量检查。

（2）焊中检验

1）实际采用的焊接电流、焊接电压、焊接速度、预热温度、层间温度及后热温度和时间等焊接工艺参数与焊接工艺文件的符合性检查。

2）多层多道焊焊道缺欠的处理情况确认。

3）采用双面焊清根的焊缝，应在清根后进行外观检查及规定的无损检测。

4）多层多道焊中焊层、焊道的布置及焊接顺序等检查。

（3）焊后检验

1）焊缝的外观质量与外形尺寸检查。

2）焊缝的无损检测。

3）焊接工艺规程记录及检验报告审查。

3. 注意事项

焊接检验前应根据结构所承受的荷载特性、施工详图及技术文件规定的焊缝质量等级要求编制检验和试验计划，由技术负责人批准并报监理工程师备案。检验方案应包括检验批的划分、抽样检验的抽样方法、检验项目、检验方法、检验时机及相应的验收标准等内容。

4. 焊缝检验抽样方法

（1）焊缝处数的计数方法　工厂制作焊缝长度不大于1000mm时，每条焊缝应为 1 处；长度大于 1000mm 时，以 1000mm 为基准，每增加 300mm 焊缝数量应增加 1 处；现场安装焊缝每条焊缝应为 1 处。

（2）确定检验批方法

1）制作焊缝以同一工区（车间）按 300～600 处的焊缝数量组成检验批；多层框架结构可以每节柱的所有构件组成检验批。

2）安装焊缝以区段组成检验批；多层框架结构以每层（节）的焊缝组成检验批。

（3）注意事项　抽样检验除设计指定焊缝外应采用随机取样方式取样，且取样中应覆盖到该批焊缝中所包含的所有钢材类别、焊接位置和焊接方法。

5. 外观检测规定

1）所有焊缝应冷却到环境温度后方可进行外观检测。

2）外观检测采用目测方式，裂纹的检查应辅以 5 倍放大镜并在合适的光照条件下进行，必要时可采用磁粉探伤或渗透探伤检测，尺寸的测量应用量具、卡规。

3）栓钉焊接接头的焊缝外观质量应符合《钢结构焊接规范》（GB 50661—2011）规范中表 6.5.1-1 或表 6.5.1-2 要求。外观质量检验合格后进行打弯抽样检查，合格标准为：当栓钉弯曲至 30° 时，焊缝和热影响区不得有肉眼可见的裂纹，检查数量不应小于栓钉总数的 1% 且不少于 10 个。

4）电渣焊、气电立焊接头的焊缝外观成形应光滑，不得有未熔合、裂纹等缺陷；当板厚小于 30mm 时，压痕、咬边深度不应大于 0.5mm；板厚不小于 30mm 时，压痕、咬边深度不应大于 1.0mm。

6. 焊缝无损检测

焊缝无损检测报告签发人员必须持有现行国家标准《无损检测人员资格鉴定与认证》（GB/T 9445—2015）规定的 2 级或 2 级以上资格证书。

7. 超声波检测规定

1）对接及角接接头的检验等级应根据质量要求分为 A、B、C 三级，检验的完善程度 A 级最低，B 级一般，C 级最高，应根据结构的材质、焊接方法、使用条件及承受荷载的不同，合理选用检验级别。

2）对接及角接接头检验范围如图 2-14 所示，其确定应符合下列规定：

①A 级检验采用一种角度的探头在焊缝的单面单侧进行检验，只对能扫查到的焊缝截面进行探测，一般不要求作横向缺欠的检验。母材厚度大于 50mm 时，不得采用 A 级检验。

②B级检验采用一种角度探头在焊缝的单面双侧进行检验，受几何条件限制时，应在焊缝单面单侧采用两种角度探头（两角度之差大于15°）进行检验。母材厚度大于100mm时，应采用双面双侧检验，受几何条件限制时，应在焊缝双面单侧，采用两种角度探头（两角度之差大于15°）进行检验，检验应覆盖整个焊缝截面。条件允许时应作横向缺欠检验。

③C级检验至少应采用两种角度探头在焊缝的单面双侧进行检验。同时应作两个扫查方向和两种探头角度的横向缺欠检验。母材厚度大于100mm时，应采用双面双侧检验。检查前应将对接焊缝余高磨平，以便探头在焊缝上作平行扫查。焊缝两侧斜探头扫查经过母材部分应采用直探头作检查。当焊缝母材厚度不小于100mm，或窄间隙焊缝母材厚度不小于40mm时，应增加串列式扫查。

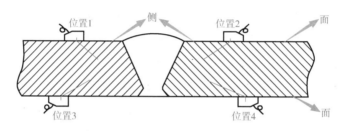

图2-14　超声波检测位置

8. 抽样检验结果判定规定

1）抽样检验的焊缝数不合格率小于2%时，该批验收合格。

2）抽样检验的焊缝数不合格率大于5%时，该批验收不合格。

3）除本条第⑤款情况外抽样检验的焊缝数不合格率为2%～5%时，应加倍抽检，且必须在原不合格部位两侧的焊缝延长线各增加一处，在所有抽检焊缝中不合格率不大于3%时，该批验收合格；大于3%时，该批验收不合格。

4）批量验收不合格时，应对该批余下的全部焊缝进行检验。

5）检验发现1处裂纹缺陷时，应加倍抽查，在加倍抽检焊缝中未再检查出裂纹缺陷时，该批验收合格；检验发现多于1处裂纹缺陷或加倍抽查又发现裂纹缺陷时，该批验收不合格，应对该批余下焊缝的全数进行检查。

9. 不合格焊接部位处理

所有检出的不合格焊接部位应按《无损检测人员资格鉴定与认证》（GB/T 9445—2015）规范的第7.11节规定予以返修至检查合格。

2.6.2　承受静荷载结构焊接质量的检验

1. 焊缝外观质量

焊缝外观质量应满足表 2-12 的规定。

表 2-12　焊缝外观质量要求

检验项目焊缝质量等级	一级	二级	三级
裂纹	不允许		
未焊满	不允许	$\leq 0.2mm + 0.02t$ 且 $\leq 1mm$，每 100mm 长度焊缝内未焊满累积长度 $\leq 25mm$	$\leq 0.2mm + 0.04t$ 且 $\leq 2mm$，每 100mm 长度焊缝内未焊满累积长度 $\leq 25mm$
根部收缩	不允许	$\leq 0.2mm + 0.02t$ 且 $\leq 1mm$，长度不限	$\leq 0.2mm + 0.04t$ 且 $\leq 2mm$，长度不限
咬边	不允许	深度 $\leq 0.05t$ 且 $\leq 0.5mm$，连续长度 $\leq 100mm$，且焊缝两侧咬边总长 $\leq 10\%$ 焊缝全长	深度 $\leq 0.1t$ 且 $\leq 1mm$，长度不限
电弧擦伤	不允许		允许存在个别电弧擦伤
接头不良	不允许	缺口深度 $\leq 0.05t$ 且 $\leq 0.5mm$，每 1000mm 长度焊缝内不得超过 1 处	缺口深度 $\leq 0.1t$ 且 $\leq 1mm$，每 1000mm 长度焊缝内不得超过 1 处
表面气孔	不允许		每 50mm 长度焊缝内允许存在直径 $< 0.4t$ 且 $\leq 3mm$ 的气孔 2 个；孔距应 ≥ 6 倍孔径
表面夹渣	不允许		深 $\leq 0.2t$，长 $\leq 0.5t$ 且 $\leq 20mm$

注：t 为母材厚度。

2. 焊缝外观尺寸

对接与角接组合焊缝，如图 2-15 所示，加强角焊缝尺寸 h_k 不应小于 $t/4$ 且不应大于 10mm，其允许偏差应为 $h_{k0}^{+0.4}$。对于加强焊角尺寸 h_k 大于 8.0mm 的角焊缝，其局部焊脚尺寸允许低于设计要求值 1.0mm，但总长度不得超过焊缝长度的 10%；焊接 H 形梁腹板与翼缘板的焊缝两端在其两倍翼缘板宽度范围内，焊缝的焊脚尺寸不得低于设计要求值；焊缝余高和错边允许偏差应符合表 2-13 的要求。

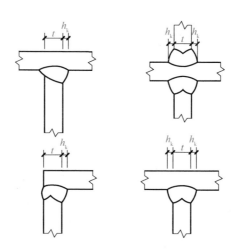

图 2-15　对接与角接组合焊缝

表 2-13　焊缝余高和错边允许偏差　　　　　　　（单位：mm）

序号	项目	示意图	允许偏差	
			一、二级	三级
1	对接焊缝余高（C）		$B < 20$ 时，C 为 $0 \sim 3$；$B \geqslant 20$ 时，C 为 $0 \sim 4$	$B < 20$ 时，C 为 $0 \sim 3.5$；$B \geqslant 20$ 时，C 为 $0 \sim 5$
2	对接焊缝错边（Δ）		$\Delta < 0.1t$ 且 $\leqslant 2.0$	$\Delta < 0.15t$ 且 $\leqslant 3.0$
3	角焊缝余高（C）		$h_f \leqslant 6$ 时 C 为 $0 \sim 1.5$；$h_f > 6$ 时 C 为 $0 \sim 3.0$	

注：t 为对接接头较薄件母材厚度。

3. 无损检测的基本要求

1）无损检测应在外观检测合格后进行。Ⅲ、Ⅳ类钢材及焊接难度等级为 C、D

级时，应以焊接完成 24h 后无损检测结果作为验收依据；钢材标称屈服强度不小于 690MPa 或供货状态为调质状态时，应以焊接完成 48h 后无损检测结果作为验收依据。

2）设计要求全焊透的焊缝，其内部缺欠的检测应符合下列规定：

①一级焊缝应进行 100% 的检测，其合格等级不应低于 B 级检验的 Ⅱ 级要求。

②二级焊缝应进行抽检，抽检比例不应小于 20%，其合格等级不应低于 B 级检测的 Ⅲ 级要求。

3）三级焊缝应根据设计要求进行相关的检测。

4. 超声波检测规定

1）检验灵敏度应符合表 2-14 的规定。

表 2-14　检验灵敏度

厚度/mm	判废线/dB	定量线/dB	评定线/dB
3.5 ~ 150	$\phi 3 \times 40$	$\phi 3 \times 40 - 6$	$\phi 3 \times 40 - 14$

2）缺欠等级评定应符合表 2-15 的规定。

表 2-15　超声波检测缺欠等级评定

评定等级	检验等级		
	A	B	C
	板厚 t/mm		
	3.5 ~ 50	3.5 ~ 150	3.5 ~ 150
Ⅰ	$2t/3$；最小 8mm	$t/3$；最小 6mm 最大 40mm	$t/3$；最小 6mm 最大 40mm
Ⅱ	$3t/4$；最小 8mm	$2t/3$；最小 8mm 最大 70mm	$2t/3$；最小 8mm 最大 50mm
Ⅲ	$<t$；最小 16mm	$3t/4$；最小 12mm 最大 90mm	$3t/4$；最小 12mm 最大 75mm
Ⅳ	超过 Ⅲ 级者		

3）当检测板厚在 3.5 ~ 8mm 范围时，其超声波检测的技术参数应按现行行业标准《钢结构超声波探伤及质量分级法》（JG/T 203—2007）执行。

4）焊接球节点网架、螺栓球节点网架及圆管 T、K、Y 节点焊缝的超声波探伤方法及缺陷分级应符合现行行业标准《钢结构超声波探伤及质量分级法》（JG/T 203—2007）的有关规定。

5）箱形构件隔板电渣焊焊缝无损检测，除应符合《钢结构焊接规范》（GB 50661—2011）规范第8.2.3条相关规定外，还应按该规范附录C进行焊缝焊透宽度、焊缝偏移检测。

6）对超声波检测结果有疑义时，可采用射线检测验证。

7）下列情况之一宜在焊前用超声波检测T形、十字形、角接接头坡口处的翼缘板，或在焊后进行翼缘板的层状撕裂检测：①发现钢板有夹层缺欠；②翼缘板、腹板厚度不小于20mm的非厚度方向性能钢板；③腹板厚度大于翼缘板厚度且垂直于该翼缘板厚度方向的工作应力较大。

8）超声波检测设备及工艺要求应符合现行国家标准《焊缝无损检测 超声检测 技术、检测等级和评定》（GB/T 11345—2013）的有关规定。

5. 射线检测规定

射线检测应符合现行国家标准《焊缝无损检测 射线检测 第1部分：X和伽玛射线的胶片技术》（GB/T 3323.1—2019）的有关规定，射线照相的质量等级不应低于B级的要求，一级焊缝评定合格等级不应低于二级的要求，二级焊缝评定合格等级不应低于M级的要求。

6. 表面检测规定

1）下列情况之一应进行表面检测：①设计文件要求进行表面检测；②外观检测发现裂纹时，应对该批中同类焊缝进行100%的表面检测；③外观检测怀疑有裂纹缺陷时，应对怀疑的部位进行表面检测；④检测人员认为有必要时。

2）铁磁性材料应采用磁粉检测表面缺欠。不能使用磁粉检测时，应采用渗透检测。

7. 磁粉检测规定

磁粉检测应符合《焊缝无损检测 焊缝磁粉检测 验收等级》（GB/T 26952—2011）的有关规定。合格标准应符合"2.6.2 承受静荷载结构焊接质量的检验"中外观检测的有关规定。

8. 渗透检测规定

渗透检测应符合《焊缝无损检测 焊缝磁粉检测-验收等级》（GB/T 26952—2011）的有关规定，合格标准应符合"2.6.2 承受静荷载结构焊接质量的检验"中外观检测的有关规定。

2.6.3　需疲劳验算结构的焊缝质量检验

1. 焊缝的外观质量

焊缝的外观质量应无裂纹、未熔合、夹渣、弧坑未填满及超过表 2-16 规定的缺欠。

表 2-16　焊缝外观质量要求

检验项目	焊缝质量等级		
	一级	二级	三级
裂纹	不允许		
未焊满	不允许		$\leq 0.2\text{mm} + 0.02t$ 且 $\leq 1\text{mm}$，每 100mm 长度焊缝内未焊满累积长度 $\leq 25\text{mm}$
根部收缩	不允许		$\leq 0.2\text{mm} + 0.02t$ 且 $\leq 1\text{mm}$，长度不限
咬边	不允许	深度 $\leq 0.05t$ 且 $\leq 0.3\text{mm}$，连续长度 $\leq 100\text{mm}$，且焊缝两侧咬边总长 $\leq 10\%$ 焊缝全长	深度 $\leq 0.1t$ 且 $\leq 0.5\text{mm}$，长度不限
电弧擦伤	不允许		允许存在个别电弧擦伤
接头不良	不允许		缺口深度 $\leq 0.05t$ 且 $\leq 0.5\text{mm}$，每 1000mm 长度焊缝内不得超过 1 处
表面气孔	不允许		直径小于 1.0mm，每 m 不多于 3 个，间距不小于 20mm
表面夹渣	不允许		深 $\leq 0.2t$，长 $\leq 0.5t$ 且 $\leq 20\text{mm}$

注：1. t 为母材厚度。

2. 桥面板与弦杆角焊缝、桥面板侧的桥面板与 U 形肋角焊缝、腹板侧受拉区竖向加劲肋角焊缝的咬边缺陷应满足一级焊缝的质量要求。

2. 焊缝的外观尺寸

焊缝的外观尺寸应符合表 2-17 的规定。

表 2-17　焊缝外观尺寸要求　　　　　　　　（单位 mm）

项目		焊缝种类	允许偏差
焊脚尺寸		主要角焊缝（包括对接与角接组合焊缝）	$h_{f0}^{+2.0}$
		其他角焊缝	$h_{f-1.0}^{+2.0}$
焊缝高低差		角焊缝	任意 25mm 范围高低差 ≤2.0mm
余高		对接焊缝	焊缝宽度 $b≤20$mm 时，≤2.0mm
			焊缝宽度 $b>20$mm 时，≤3.0mm
余高铲磨后	表面高度	横向对接焊缝	高于母材表面不大于 0.5mm
			低于母材表面不大于 0.3mm
	表面粗糙度		不大于 50μm

注：1. 主要角焊缝是指主要杆件的盖板与腹板的连接焊缝。

　　2. 手工焊角焊缝全长的 10% 允许 $h_{f-1.0}^{+3.0}$。

3. 无损检测规定

1）无损检测应在外观检查合格后进行。Ⅰ、Ⅱ类钢材及焊接难度等级为 A、B 级时，应以焊接完成 24h 后检测结果作为验收依据，Ⅲ、Ⅳ类钢材及焊接难度等级为 C、D 级时，应以焊接完成 48h 后的检查结果作为验收依据。

2）板厚不大于 30mm（不等厚对接时，按较薄板计）的对接焊缝除按"超声波检测"规定进行超声波检测外，还应采用射线检测，抽检其接头数量的 10% 且不少于一个焊接接头。

3）板厚大于 30mm 的对接焊缝除按"超声波检测"的规定进行超声波检测外，还应增加接头数量的 10% 且不少于一个焊接接头，按检验等级为 C 级、质量等级为不低于一级的超声波检测，检测时焊缝余高应磨平，使用的探头折射角应有一个为 45°，探伤范围应为焊缝两端各 500mm。焊缝长度大于 1500mm 时，中部应加探 500mm。当发现超标缺欠时应加倍检验。

4）用射线和超声波两种方法检验同一条焊缝，必须达到各自的质量要求，该焊缝方可判定为合格。

4. 超声波检测规定

1）超声波检测设备和工艺要求应符合现行国家标准《焊缝无损检测 超声检测 技术、检测等级和评定》（GB/T 11345—2013）的有关规定。

2）检测范围和检验等级应符合表 2-18 的规定。距离-波幅曲线及缺欠等级评定应符合表2-19、表2-20的规定。

表2-18　焊缝超声波检测范围和检验等级

焊缝质量级别	探伤部位	探伤比例	板厚 t/mm	检验等级
一、二级横向对接焊缝	全长	100%	$10 \leqslant t \leqslant 46$	B
	—	—	$46 < t \leqslant 80$	B（双面双侧）
二级纵向对接焊缝	焊缝两端各1000mm	100%	$10 \leqslant t \leqslant 46$	B
	—	—	$46 < t \leqslant 80$	B（双面双侧）
二级角焊缝	两端螺栓孔部位并延长500mm，板梁主梁及纵、横梁跨中加探1000mm	100%	$10 \leqslant t \leqslant 46$	B（双面单侧）
	—	—	$46 < t \leqslant 80$	B（双面单侧）

表2-19　超声波检测距离-波幅曲线灵敏度

焊缝质量等级		板厚 t/mm	判废线	定量线	评定线
一、二级横向对接焊缝		$10 \leqslant t \leqslant 46$	$\varphi 3 \times 40 - 6dB$	$\varphi 3 \times 40 - 14dB$	$\varphi 3 \times 40 - 20dB$
		$46 < t \leqslant 80$	$\varphi 3 \times 40 - 2dB$	$\varphi 3 \times 40 - 10dB$	$\varphi 3 \times 40 - 16dB$
全焊透对接与角接组合焊缝一级		$10 \leqslant t \leqslant 80$	$\varphi 3 \times 40 - 4dB$	$\varphi 3 \times 40 - 10dB$	$\varphi 3 \times 40 - 16dB$
			$\phi 6$	$\phi 3$	$\phi 2$
角焊缝二级	部分焊透对接角接组合焊缝	$10 \leqslant t \leqslant 80$	$\varphi 3 \times 40 - 4dB$	$\varphi 3 \times 40 - 10dB$	$\varphi 3 \times 40 - 16dB$
	贴角焊缝	$10 \leqslant t \leqslant 25$	$\varphi 1 \times 2$	$\varphi 1 \times 2 - 6dB$	$\varphi 1 \times 2 - 12dB$
		$25 < t \leqslant 80$	$\varphi 1 \times 2 + 4dB$	$\varphi 1 \times 2 - 4dB$	$\varphi 1 \times 2 - 10dB$

注：①角焊缝超声波检测采用铁路钢桥制造专用柱孔标准试块或与其校准过的其他孔形试块；

　　②$\phi 6$、$\phi 3$、$\phi 2$表示纵波探伤的平底孔参考反射体尺寸。

表2-20　超声波检测缺欠等级评定

焊缝质量等级	板厚 t/mm	单个缺欠指示长度	多个缺欠的累计指示长度
对接焊缝一级	$10 \leqslant t \leqslant 80$	$t/4$，最小可为8mm	在任意$9t$，焊缝长度范围不超过t
对接焊缝二级	$10 \leqslant t \leqslant 80$	$t/2$，最小可为10mm	在任意$4.5t$，焊缝长度范围不超过t
全焊透对接与角接组合焊缝一级	$10 \leqslant t \leqslant 80$	$t/3$，最小可为10mm	—
角焊缝二级	$10 \leqslant t \leqslant 80$	$t/2$，最小可为10mm	—

注：①母材板厚不同时，按较薄板评定；

　　②缺欠指示长度小于8mm时，按5mm计。

5. 射线检测规定

射线检测应符合现行国家标准《焊缝无损检测 射线检测 第 1 部分：X 和伽玛射线的胶片技术》（GB/T 3323.1—2019）的有关规定，射线照相质量等级不应低于 B 级，焊缝内部质量等级不应低于 Ⅱ 级。

6. 磁粉检测规定

磁粉检测应符合现行行业标准《焊缝无损检测 焊缝磁粉检测验收等级》（GB/T 26952—2011）的有关规定，合格标准应符合本节"二、承受静荷载结构焊接质量的检验"中外观检测的有关规定。

7. 渗透检测规定

渗透检测应符合现行行业标准《焊缝无损检测 焊缝磁粉检测 验收等级》（GB/T 26952—2011）的有关规定，合格标准应符合"2.6.2 承受静荷载结构焊接质量的检验"中外观检测的有关规定。

第3章 紧固件连接工程

3.1 紧固件预处理

3.1.1 连接件的加工

1. 制孔

（1）制孔要求

1）螺栓孔分为精制螺栓孔（A、B 级螺栓孔——Ⅰ类孔）和普通螺栓孔（C 级螺栓孔——Ⅱ类孔）。精制螺栓孔的螺栓直径与孔等直径，其孔的精度与孔壁表面粗糙度要求较高，一般先钻小孔，板叠组装后铰孔才能达到质量标准；普通螺栓孔包括高强度螺栓孔、普通螺栓孔、半圆头铆钉孔等，孔径应符合设计要求，其精度与孔粗糙度比 A、B 级螺栓孔要求略低。

2）螺栓孔可采用钻孔、冲孔、铣孔、铰孔、镗孔和锪孔等方法制孔，钻孔、冲孔为一次制孔，铣孔、铰孔、镗孔和锪孔方法为二次制孔，即在一次制孔的基础上进行孔的二次加工。一般直径在 80mm 以上的圆孔，钻孔不能实现时采用气割制孔；另外对于长圆孔或异形孔一般采用先钻孔再采用气割制孔的方法。

（2）尺寸允许偏差　A、B 级螺栓孔（Ⅰ类孔）应具有 H12 的精度，孔壁表面粗糙度 R_a 不应该大于 12.5μm，其孔径允许偏差应符合表 3-1 的规定。C 级螺栓孔（Ⅱ类孔），孔壁表面粗糙度 R_a 不应大于 25μm，其孔径允许偏差应符合表 3-2 的规定。

表 3-1　A、B 级螺栓孔径的允许偏差　　　　（单位：mm）

序号	螺栓公称直径、螺径公称直径	螺栓孔直径允许偏差	螺栓孔直径允许偏差	检验方法
1	10 ~ 18	0.00 - 0.18	+ 0.18 0.00	用游标卡尺或孔径量规检查
2	18 ~ 30	0.00 - 0.21	+ 0.21 0.00	
3	30 ~ 50	0.00 - 0.25	+ 0.25 0.00	

表 3-2　C 级螺栓孔径的允许偏差　　　　　（单位：mm）

项目	允许偏差	检验方法
直径	+1.0 0.00	用游标卡尺或孔径量规检查
圆度	±2.0	
垂直度	0.03t，且不应大于 2.0	

螺栓孔孔距的允许偏差应符合表 3-3 的规定。

表 3-3　螺栓孔孔距允许偏差　　　　　（单位：mm）

螺栓孔孔距范围	≤500	501～1200	1201～3000	>3000
同一组内任意两孔间距离	±1.0	±1.5	—	—
相邻两组的端孔间距离	±1.5	±2.0	±2.5	±3.0

注：1. 在节点中连接板与一根杆件相连的所有螺栓孔为一组。

　　2. 对接接头在拼接板一侧的螺栓孔为一组。

　　3. 在两相邻节点或接头间的螺栓孔为一组，但不包括上述两款所规定的螺栓孔。

　　4. 受弯构件翼缘上的连接螺栓孔，每米长度范围内的螺栓孔为一组。

螺栓孔孔距的允许偏差超过表 3-3 规定的允许偏差时，可采用与母材相匹配的焊条补焊，并经无损检测合格后重新制孔，每组孔中经补焊重新钻孔的数量不得超过该组螺栓数量的 20%。

2. 螺栓球加工

螺栓球宜热锻成形，加热温度宜为 1150～1250℃，终锻温度不得低于 800℃。螺栓球成形后，不应有裂纹、褶皱、过烧。螺栓球是网架杆件互相连接的受力部件，采取热锻成形，质量容易得到保证。对锻造球，应着重检查是否有裂纹、叠痕、过烧。检验时，每种规格抽查 10%，且不应少于 5 个，用 10 倍放大镜观察检查或表面探伤。

螺栓球加工的允许偏差应符合表 3-4 的规定。检查时，每种规格抽查 10%，且不应少于 5 个。

表 3-4　螺栓球加工的允许偏差　　　　　（单位：mm）

项目		允许偏差	检验方法
球直径	$d≤120$	+2.0 -1.0	用游标卡尺或孔径量规检查
	$d>120$	+3.0 -1.5	

（续）

项目		允许偏差	检验方法
球圆度	$d \leqslant 120$	1.5	用游标卡尺或孔径量规检查
	$120 < d \leqslant 250$	2.5	
	$d > 250$	3.0	
同一轴线上两铣平面平行度	$d \leqslant 120$	0.2	用百分表、V 形块检查
	$d > 120$	0.3	
铣平面距球中心距离		±0.2	用游标卡尺检查
相邻两螺栓孔中心线夹角		±30′	用分度头检查
两铣平面与螺栓孔轴垂直度		0.005r	用百分表检查

注：r 为螺栓球半径；d 为螺栓球直径。

3.1.2　摩擦面处理

1. 处理要求

1）在高强度螺栓连接范围内，构件接触面的处理方法应在施工图中说明。处理后的表面摩擦因数，应符合设计要求的额定值，一般为 0.45 ~ 0.55。

2）处理好的摩擦面，不得有飞边、毛刺、焊疤或污损等。

3）应注意摩擦面的保护，防止构件运输、装卸、堆放、二次搬运、翻吊时连接板的变形。安装前，应处理好被污染的连接面表面。

4）处理好的摩擦面放置一段时间后会先产生一层浮锈，经钢丝刷清除浮锈后，抗滑移系数会比原来提高。一般情况下，表面生锈在 60d 左右达到最大值。因此，从工厂摩擦面处理到现场安装时间宜在 60d 时间内完成。

5）处理好摩擦面的构件，应有保护摩擦面的措施，并不得涂油漆或污损。出厂时必须附有三组同材质同处理方法的试件，以供复验摩擦因数。

6）钢材摩擦面的抗滑移系数见表 3-5。

表 3-5　钢材摩擦面的抗滑移系数值

连接处构件接触面的处理方法		构件的钢号				
		Q235 钢	Q345 钢	Q390 钢	Q420 钢	Q460 钢
普通钢结构	喷硬质石英砂或铸钢棱角砂	0.45	0.45	0.45		
	抛丸（喷砂）	0.35	0.40	0.40		
	抛丸（喷砂）后生赤锈	0.45	0.45	0.45		
	钢丝刷清除浮锈或未经处理的干净轧制面	0.30	0.35	0.40		

（续）

连接处构件接触面的处理方法		构件的钢号				
		Q235 钢	Q345 钢	Q390 钢	Q420 钢	Q460 钢
冷弯薄壁型钢结构	抛丸（喷砂）	0.35	0.40	—		—
	热轧钢材轧制面清除浮锈	0.30	0.35	—		—
	冷轧钢材轧制面清除浮锈	0.25	—		—	

注：1. 钢丝刷除锈方向应与受力方向垂直。

2. 当连接构件采用不同钢号时，抗滑移系数按相应较低的取值。

3. 采用其他方法处理时，其处理工艺及抗滑移系数均需要试验确定。

7）经处理的摩擦面，出厂前应按批做抗滑移系数试验，最小值应符合设计的要求；出厂时应按批附三套与构件相同材质、相同处理方法的试件，由安装单位复验抗滑移系数。在运输过程中试件摩擦面不得损伤。

8）高强度螺栓连接处的摩擦面可根据设计抗滑移系数的要求选择处理工艺，抗滑移系数应符合设计要求。采用手工砂轮打磨时，打磨方向应与受力方向垂直，且打磨范围不应小于螺栓孔径的 4 倍。

2. 摩擦面处理方法

摩擦面的处理一般结合钢构件表面一并进行处理，但不用涂防锈底漆，摩擦面的常用处理方法见表 3-6。

表 3-6　摩擦面的常用处理方法

序号	处理方法	内容说明
1	钢丝刷人工除锈	用钢丝刷将摩擦面处的铁屑、浮锈、灰尘、油污等污物刷掉，使钢材表面露出金属光泽，此法一般用在不重要的结构或受力不大的连接处，摩擦面抗滑移系数能达到 0.3 左右
2	化学处理一般洗法	将加工完的构件浸入酸洗槽中，硫酸浓度为 18%（质量比），内加少量硫脲；温度为 70~80℃；停留时间为 30~40min，其停留时间不能过长，否则酸洗过度导致钢材厚度减薄；然后放入石灰槽中中和用清水清洗，中和使用的石灰水，温度为 60℃左右，钢材放入停留 1~2min 提起，然后继续放入水槽中 1~2min，再转入清洗工序；清洗的水温为 60℃左右，清洗 2~3 次，最后用酸度试纸检查中和清洗程度，达到无酸、无锈和清洁为合格 此法优点为处理简便，省时间。缺点是残留酸极易引起钢板腐蚀，此法目前已比较少用

（续）

序号	处理方法	内容说明
3	砂轮打磨法	对于小型工程或已有建筑物加固改造工程，常常采用手工方法进行摩擦面处理，砂轮打磨是最直接、最简便的方法。试验结果表明，砂轮打磨以后，露天生锈 60～90d，摩擦面的粗糙度能达到 50～55μm
4	喷砂（丸）法	利用压缩空气为动力，将砂（丸）直接喷射到钢板表面使钢板表面达到一定的粗糙度。试验结果表明，经过喷砂（丸）处理过的摩擦面，在露天生锈一段时间，安装前除掉浮锈，能够得到比较大的抗滑移系数，理想的生锈时间为 60～90d

3. 接触面间隙处理

高强度螺栓摩擦面对因板厚公差、制造偏差或安装偏差等产生的接触面间隙，应按表 3-7 的规定进行处理。

表 3-7　接触面间隙处理

序号	示意图	处理方法
1		Δ < 1.0mm 时不予处理
2	磨斜面	Δ = 1.0～3.0mm 是将厚板一侧磨成 1:10 缓坡，使间隙小于 1.0mm
3		Δ > 3.0mm 时加垫板，垫板厚度不小于 3mm，最多不超过 3 层，垫板材质和摩擦面处理方法应与构件相同

1）当间隙小于 1mm 时，对受力的滑移影响不大，可不做处理。

2）当间隙在 1～3mm 时，对受力后的滑移影响较大，为了消除影响，将厚板一侧削成 1:10 缓坡过渡，也可以加填板处理。

3）当间隙大于 3mm 时应加填板处理，填板材质及摩擦面应与构件进行同样级别的处理。

4. 摩擦面处理后的要求

经表面处理后的高强度螺栓连接摩擦面，应符合下列规定。

1）连接摩擦面应保持干燥、清洁，不应有飞边、毛刺、焊接飞溅物、焊疤、氧化铁皮、污垢等。

2）经处理后的摩擦面应采取保护措施，不得在摩擦面上做标记。

3）摩擦面采用生锈处理方法时，安装前应以细钢丝刷垂直于构件受力方向除去摩擦面上的浮锈。

3.2　普通紧固件连接

3.2.1　普通螺栓

按照普通螺栓的形式，可将其分为六角头螺栓、双头螺栓和地脚螺栓等。

（1）六角头螺栓　按照制造质量和产品等级，六角头螺栓可分为 A、B、C 三个等级。其中，A 级、B 级为精制螺栓，C 级为粗制螺栓。在钢结构螺栓连接中，除特别注明外，一般均为 C 级粗制螺栓。

（2）双头螺栓　双头螺栓一般称为螺栓，多用于连接厚板和不便使用六角螺栓连接的地方，如混凝土屋架、屋面梁悬挂单轨梁吊挂件等。

（3）地脚螺栓　地脚螺栓分一般地脚螺栓、直角地脚螺栓、锤头地脚螺栓及锚固地脚螺栓四种。

此外，还可根据支承面大小及安装位置尺寸将其分为大六角头与六角头两种，也可根据其性能等级，将其分为 3.6、4.6 及 4.8 等几个等级。钢结构中常用普通螺栓的性能等级、化学成分及力学性能见表3-8。

表3-8　钢结构常用普通螺栓的性能等级、化学成分及力学性能

性能等级		3.6	4.6	4.8	5.6	5.8	6.8
材料		低碳钢	低碳钢或中碳钢	低碳钢或中碳钢	低碳钢或中碳钢	低碳钢或中碳钢	低碳钢或中碳钢
化学成分（%）	C	≤0.20	≤0.55	≤0.55	≤0.55	≤0.55	≤0.55
	P	≤0.05	≤0.05	≤0.05	≤0.05	≤0.05	≤0.05
	S	≤0.06	≤0.06	≤0.06	≤0.06	≤0.06	≤0.06
抗拉强度/MPa	公称	300	400	400	500	500	600
	最小	330	400	420	500	520	600
维氏硬度 HV_{30}	最小	95	115	121	148	154	178
	最大	206	206	206	206	206	227

3.2.2　螺母

建筑钢结构中选用的螺母应与相匹配的螺栓性能等级一致，当拧紧螺母达规定程度时，不允许发生螺纹脱扣现象，为此，可选用栓接结构，用六角螺母及相应的栓接结构大六角头螺栓、平垫圈，使连接副能防止因超拧而引起的螺纹脱扣。

螺母性能等级分 4、5、6、8、9、10、12 级，其中 8 级（含 8 级）以上螺母与高强度螺栓匹配，8 级以下螺母与普通螺栓匹配，表 3-9 为螺母与螺栓性能等级相匹配的参照表。

表 3-9　螺母与螺栓性能等级相匹配的参照表

螺母性能等级	相匹配的螺栓性能等级		螺母性能等级	相匹配的螺栓性能等级	
	性能等级	直径范围/mm		性能等级	直径范围/mm
4	3.6、4.6、4.8	>16	9	8.8	16<直径≤39
5	3.6、4.6、4.8	≤16		9.8	≤16
	5.6、5.8	所有的直径	10	10.9	所有的直径
6	6.8	所有的直径	12	12.9	≤39
8	8.8	所有的直径			

螺母的螺纹应和螺栓相一致，一般应为粗牙螺纹（除非特殊注明用细牙螺纹），螺母的力学性能主要是螺母的保证应力和硬度，其值应符合《紧固件机械性能　螺母》（GB/T 3098.2—2015）的规定。

3.2.3　垫圈

常用钢结构螺栓连接的垫圈，按其形状及使用功能可分为以下几类：

（1）圆平垫圈　圆平垫圈一般放置于紧固螺栓头及螺母的支承面下面，用以增加螺栓头及螺母的支承面，同时防止被连接件表面损伤。

（2）方形垫圈　方形垫圈一般置于地脚螺栓头及螺母支承面下，用以增加支承面及遮盖较大螺栓孔眼。

（3）斜垫圈　主要用于工字钢、槽钢翼缘倾斜面的垫平，使螺母支承面垂直于螺杆，避免紧固时造成螺母支承面和被连接的倾斜面局部接触，以确保安全。

（4）弹簧垫圈　为防止螺栓拧紧后在动载作用下产生振动和松动，依靠垫圈的弹性功能及斜口摩擦面来防止螺栓松动，一般用在有动荷载（振动）或经常拆卸的结构连接处。

3.2.4 螺栓的装配

普通螺栓的装配应符合下列各项要求：

1）螺栓头和螺母下面应放置平垫圈，以增大承压面积。

2）每个螺栓一端不得垫两个及两个以上的垫圈，并不得采用大螺母代替垫圈。螺栓拧紧后，外露螺纹不应少于2扣。螺母下的垫圈一般不应多于1个。

3）对于设计有要求防松动的螺栓、锚固螺栓应采用有防松装置的螺母（即双螺母）或弹簧垫圈，或用人工方法采取防松脱措施（如将螺栓外露螺纹打毛）。

4）对于承受动荷载或重要部位的螺栓连接，应按设计要求放置弹簧垫圈，弹簧垫圈必须设置在螺母一侧。

5）对于工字钢、槽钢等型钢应尽量使用斜垫圈，使螺母和螺栓头部的支承面垂直于螺杆。

6）双头螺栓的轴心线必须与工件垂直，通常用角尺进行检验。

7）装配双头螺栓时，首先将螺纹和螺孔的接触面清理干净，然后用手轻轻地把螺母拧到螺纹的终止处，如果遇到拧不紧的情况，不能用扳手强行拧紧，以免损坏螺纹。

8）一般的螺纹连接都具有自锁性，在受静荷载和工作温度变化不大时，不会自行松脱。但在冲击、振动或变荷载作用下，以及在工作温度变化很大时，这种连接有可能自松，会影响构件工作，甚至发生事故。为了保证连接安全可靠，螺纹连接必须采取有效的防松脱措施。

一般常用的防松脱措施有增大摩擦力、机械防松脱和不可拆三大类。

3.3 高强度螺栓连接

3.3.1 高强度螺栓分类

高强度螺栓从外形上可分为大六角头和扭剪型两种；按性能等级可分为8.8级、10.9级、12.9级等。高强度螺栓和与之配套的螺母和垫圈合称连接副，须经热处理（淬火和回火）后方可使用。

1. 大六角头高强度螺栓

目前，我国使用的大六角头高强度螺栓只有 8.8 级和 10.9 级两种。根据国家标准《钢结构用高强度大六角头螺栓、大六角螺母、垫圈技术条件》 （GB/T 1231—2006），8.8S 级高强度螺栓推荐采用 45 钢、35 钢、20MnTiB 钢、40Cr 钢、ML20MnTiB 钢、35CrMo 钢和 35VB 钢；10.9S 级高强度螺栓推荐采用的钢号为 20MnTiB 钢、ML20MnTiB 钢和 35VB 钢。

大六角头高强度螺栓连接副含有一个螺栓、一个螺母及两个垫圈（螺头和螺母两侧各一个垫圈）。当螺栓、螺母、垫圈组成一个连接副时，其性能等级应匹配。钢结构用大六角头高强度螺栓连接副匹配组合应符合表 3-10 的规定。

表 3-10　大六角头高强度螺栓连接副匹配组合

螺栓	螺母	垫圈
8.8S	8H	35 ~ 45HRC
10.9S	10H	35 ~ 45HRC

2. 扭剪型高强度螺栓

目前，我国使用的扭剪型高强度螺栓只有 10.9S 级一种，根据国家标准《钢结构用扭剪型高强度螺栓连接副》（GB/T 3632—2008），推荐采用的钢号为 20MnTiB 钢。扭剪型高强度螺栓连接副由一个螺栓、一个螺母及一个垫圈组成。螺栓、螺母、垫圈组成一个连接副时，其性能等级要匹配。

无论是大六角头高强度螺栓，还是扭剪型高强度螺栓，其性能等级和力学性能应符合国家标准《钢结构用高强度大六角头螺栓、大六角螺母、垫圈技术条件》（GB/T 1231—2006）、《钢结构用扭剪型高强度螺栓连接副》（GB/T 3632—2008）的要求。

3.3.2　高强度螺栓规格要求

1）螺栓、螺母、垫圈均应附有质量证明书，并应符合设计要求和国家标准的规定。高强度螺栓（六角头螺栓、扭剪型螺栓等）、半圆头铆钉等孔的直径应比螺栓杆、钉杆公称直径大 1.0 ~ 3.0mm。螺栓孔应具有 H14（H15）的精度。

2）高强度螺栓制造厂应将制造螺栓的材料取样，经与螺栓制造中相同的热处理工艺处理后，制成试件进行拉伸试验，其结果应符合表 3-11 的规定。当螺栓的材料直径大于或等于 16mm 时，根据用户要求，制造厂还应增加常温冲击试验，其结果应符合表 3-11 的规定。

表 3-11　高强度螺栓力学性能

性能等级	抗拉强度 R_m/MPa	规定非比例延伸强度 $R_{P0.2}$/MPa	断后伸长率 A（%）	断面收缩率 Z（%）	冲击吸收功 A_{KU2}（%）
		不小于			
10.9S	1040～1240	940	10	42	47
8.8S	830～1030	660	12	45	63

3）对高强度螺栓进行螺栓实物楔负载试验时，拉力荷载应在规定的范围内，且断裂应发生在螺纹部分或螺纹与螺杆交接处。

当螺栓 $l/d \leqslant 3$ 时，如不能做楔负载试验，允许做拉力荷载试验或芯部硬度试验。高强度螺栓芯部硬度应符合表 3-12 的规定。

表 3-12　高强度螺栓芯部硬度

性能等级	维氏硬度		洛氏硬度	
	min	max	min	max
10.9S	312HV30	367HV30	33HRC	39HRC
8.8S	240HV30	296HV30	24HRC	31HRC

4）高强度螺栓不允许存在任何淬火裂纹。

5）高强度螺栓表面要进行发黑处理。

6）高强度螺栓抗拉极限承载力应符合表 3-13 的规定。

表 3-13　高强度螺栓抗拉极限承载力

公称直径 d/mm	公称应力截面面积 A_s/mm²	抗拉极限承载力/kN	
12	84	84～95	68～83
14	115	115～129	93～113
16	157	157～176	127～154
18	192	192～216	156～189
20	245	245～275	198～241
22	303	303～341	245～298
24	353	353～397	286～347
27	459	459～516	372～452
30	561	516～631	454～552

（续）

公称直径 d/mm	公称应力截面面积 A_s/mm²	抗拉极限承载力/kN	
33	694	694 ~ 780	562 ~ 663
36	817	817 ~ 918	662 ~ 804
39	976	976 ~ 1097	791 ~ 960
42	1121	1121 ~ 1260	908 ~ 1103
45	1306	1306 ~ 1468	1058 ~ 1285
48	1473	1473 ~ 1656	1193 ~ 1450
52	1758	1758 ~ 1976	1424 ~ 1730
56	2030	2030 ~ 2282	1644 ~ 1998
60	2362	2362 ~ 2655	1913 ~ 2324

7）高强度螺栓极限偏差应符合表 3-14 规定。

表 3-14　高强度螺栓极限偏差　　　　　　　　（单位：mm）

公称直径	12	16	20	（22）	24	（27）	30
允许偏差	± 0.43			± 0.52		± 0.84	

3.3.3　高强度螺栓施工的一般规定

（1）高强度螺栓的连接形式有：摩擦连接、张拉连接和承压连接。

①摩擦连接是高强度螺栓在拧紧后，产生强大夹紧力来夹紧板束，依靠接触面间产生的抗剪摩擦力传递与螺杆垂直方向应力的连接方法。

②张拉连接是螺杆只承受轴向拉力，在螺栓拧紧后，连接的板层间压力减小，外力完全由螺栓承担。

③承压连接是依靠在螺栓拧紧后所产生的抗滑移力及螺栓孔内和连接钢板间产生的承压力，来传递应力的一种方法。

（2）摩擦面的处理是指采用高强度螺栓摩擦连接时对构件接触面的钢材进行表面加工。经过加工使其接触表面的抗滑系数达到设计要求的摩擦系数额定值，一般为 0.45 ~ 0.55。

摩擦面的处理方法有：喷砂（或抛丸）后生赤锈；喷砂后涂无机富锌漆；砂轮打磨；钢丝刷消除浮锈；火焰加热清理氧化皮；酸洗等。

（3）摩擦型高强度螺栓施工前，钢结构制作和施工单位应按规定分别进行高强度螺栓连接摩擦面的抗滑系数试验和复验，现场处理的构件摩擦面应单独进行摩擦面抗滑移系数试验。

(4) 高强度螺栓连接安装时，在每个节点应穿入的临时螺栓与冲钉数量由安装时可能承担的荷载计算确定，并应符合下列规定：①不得少于安装孔数的1/3；②不得少于两个临时螺栓；③冲钉穿入数量不宜多于临时螺栓的30%，不得将连接用的高强度螺栓兼作临时螺栓。

(5) 高强度螺栓的安装应顺畅穿入孔内，严禁强行敲打，如不能自由穿入时，应用铰刀修整，修整后的最大孔径应小于1.2倍螺栓直径。铰孔前应将四周的螺栓全部拧紧，使钢板密贴后再进行，不得用气割扩孔。

(6) 高强度螺栓的穿入方向应以施工方便为准，并力求一致。连接副组装时，螺母带垫圈面的一侧应朝向螺栓六角头。

(7) 安装高强度螺栓时，构件的摩擦面应保持干燥，不得在雨中作业。

(8) 高强度螺栓连接副的拧紧应分为初拧、终拧。对于大型节点应分初拧、复拧、终拧。复拧扭矩等于初拧扭矩。初拧、复拧、终拧应在24h内完成。

(9) 高强度螺栓连接副初拧、复拧、终拧时，一般应由螺栓群节点中心位置顺序向外缘拧紧的方法施拧。

(10) 施工所用的扭矩扳手，扳前必须矫正，扳后必须校验，其扭矩误差不得大于±5%，合格的可使用。检查用的扭矩扳手其扭矩误差不得大于±3%。

(11) 初拧或复拧后的高强度螺栓应用颜色笔在螺母上涂上标记，终拧后的螺栓应用另一种颜色笔在螺栓上涂上标记，以分别表示初拧、复拧、终拧完毕。扭剪型高强度螺栓应用专用扳手进行终拧，直至螺栓尾部梅花头拧掉。对于操作空间有限、不能用扭剪型螺栓专用扳手进行终拧的扭剪型螺栓，可按大六角头高强度螺栓的拧紧方法进行终拧。

3.4　钢结构紧固件连接质量检验

3.4.1　钢结构紧固件连接质量验收标准

本节适用于钢结构制作和安装中的普通螺栓、扭剪型高强度螺栓、高强度大六角头螺栓、钢网架螺栓球节点用高强度螺栓及射钉、自攻钉、拉铆钉等连接工程的质量验收。

　　紧固件连接工程可按相应的钢结构制作或安装工程检验批划分为一个或若干个检验批。

1. 普通紧固件连接

（1）主控项目　钢结构工程普通紧固件连接主控项目质量验收标准见表3-15。

表 3-15　普通紧固件连接主控项目质量验收标准

序号	项目	合格质量标准	检验方法	检验数量
1	成品进场	钢结构连接用高强度大六角头螺栓连接副、扭剪型高强度螺栓连接副、钢网架用高强度螺栓、普通螺栓、铆钉、自攻钉、拉铆钉、射钉、锚栓（机械型和化学试剂型）、地脚锚栓等紧固标准件及螺母、垫圈等标准配件，其品种、规格、性能等应符合现行国家产品标准和设计要求。高强度大六角头螺栓连接副和扭剪型高强度螺栓连接副出厂时应分别随箱带有扭矩系数和紧固轴力（预拉力）的检验报告	检查产品的质量合格证明文件、中文标志及检验报告等	全数检查
2	螺栓实物复验	普通螺栓作为永久性连接螺栓时，当设计有要求或对其质量有疑义时，应进行螺栓实物最小拉力荷载复验，其结果应符合现行国家标准《紧固件机械性能 螺栓、螺钉和螺柱》（GB/T 3098.1—2010）的规定	检查螺栓实物复验报告	每一规格螺栓抽查8个
3	匹配及间距	连接薄钢板采用的自攻钉、拉铆钉、射钉等其规格尺寸应与被连接钢板相匹配，其间距、边距等应符合设计要求	观察和尺量检查	按连接节点数抽查1%，且应不少于3个

（2）一般项目　普通紧固件连接一般项目质量验收标准应符合表 3-16 的规定。

表 3-16　普通紧固件连接一般项目质量验收标准

序号	项目	合格质量标准	检验方法	检验数量
1	螺栓紧固	永久性普通螺栓紧固应牢固、可靠，外露螺纹应不少于2个螺距	观察和用小锤敲击检查	按连接节点数抽查1%，且应不少于3个
2	外观质量	自攻螺钉、钢拉铆钉、射钉等与连接钢板应紧固密贴，外观排列整齐	观察或用小锤敲击检查	按连接节点数抽查1%，且应不少于3个

2. 高强度螺栓连接

（1）主控项目　钢结构工程高强度螺栓连接主控项目质量验收标准见表 3-17。

表 3-17 高强度螺栓连接主控项目质量验收标准

序号	项目	合格质量标准	检验方法	检验数量
1	成品进场	钢结构连接用高强度大六角头螺栓连接副、扭剪型高强度螺栓连接副、钢网架用高强度螺栓、普通螺栓、铆钉、自攻钉、拉铆钉、射钉、锚栓（机械型和化学试剂型）、地脚锚栓等紧固标准件及螺母、垫圈等标准配件，其品种、规格、性能等应符合现行国家产品标准和设计要求。高强度大六角头螺栓连接副和扭剪型高强度螺栓连接副出厂时应分别随箱带有扭矩系数和紧固轴力（预拉力）的检验报告，高强度大六角头螺栓连接副的扭矩系数和扭剪型高强度螺栓连接副的紧固轴力（预拉力）是影响高强度螺栓连接质量最主要的因素，也是施工的重要依据，因此要求生产厂家在出厂前要进行检验，且出具检验报告，施工单位应在使用前及产品质量保证期内及时复验，该复验应为见证取样、送样检验项目。本条为强制性条文	检查产品的质量合格证明文件、中文标志及检验报告等	全数检查
2	扭矩系数	高强度大六角头螺栓连接副应按“紧固件连接工程检验项目”中的规定检验其扭矩系数，其检验结果应符合规定	检验复验报告	全数检查
	预拉力复验	扭剪型高强度螺栓连接副应按“紧固件连接工程检验项目”中的规定检验预拉力，其检验结果应符合规定		
3	滑移系数试验	钢结构制作和安装单位应按“紧固件连接工程检验项目”中的规定分别进行高强度螺栓连接摩擦面的抗滑移系数试验和复验，现场处理的构件摩擦面应单独进行摩擦面抗滑移系数试验，其结果应符合设计要求	检查摩擦面抗滑移系数试验报告和复验报告	按“紧固件连接工程检验项目”中的规定
4	高强度大六角头螺栓连接副终拧扭矩	高强度大六角头螺栓连接副终拧完成 1h 后、48h 内应进行终拧扭矩检查，检查结果应符合“紧固件连接工程检验项目”中的规定	按“紧固件连接工程检验项目”中的规定	按节点数抽查 10%，且应不少于 10 个；每个被抽查节点按螺栓数抽查 10%，且应不少于 2 个

（续）

序号	项目	合格质量标准	检验方法	检验数量
4	扭剪型高强度螺栓连接副终拧扭矩	扭剪型高强度螺栓连接副终拧后，除因构造原因无法使用专用扳手终拧掉梅花头者外，未在终拧中拧掉梅花头的螺栓数应不大于该节点螺栓数的 5%。对所有梅花头未拧掉的扭剪型高强度螺栓连接副应采用扭矩法或转角法进行终拧并作标记，且按上条标准的规定进行终拧扭矩检查	观察检查	按节点数抽查 10%，但应不少于 10 个节点，被抽查节点中梅花头未拧掉的扭剪型高强度螺栓连接副全数进行终拧扭矩检查

（2）一般项目　高强度螺栓连接一般项目质量验收标准见表 3-18 的规定。

表 3-18　高强度螺栓连接一般项目质量验收标准

序号	项目	合格质量标准	检验方法	检验数量
1	成品进场	高强度螺栓连接副应按包装箱配套供货，包装箱上应标明批号、规格、数量及生产日期。螺栓、螺母、垫圈外观表面应涂油保护，不应出现生锈和沾染脏物，螺纹不应损伤	观察检查	按包装箱数抽查 5%，且应不少于 3 箱
2	表面硬度试验	对建筑结构安全等级为一级，跨度 40m 及以上的螺栓球节点钢网架结构，其连接高强度螺栓应进行表面硬度试验，对 8.8 级的高强度螺栓其硬度应为 21～29HRC；10.9 级高强度螺栓其硬度应为 32～36HRC，且不得有裂纹或损伤	硬度计、10倍放大镜或磁粉探伤	按规格抽查 8 只
3	初拧、复拧扭矩	高强度螺栓连接副的旋拧顺序和初拧、复拧扭矩应符合设计要求和国家现行行业标准《钢结构高强度螺栓连接技术规程》（JGJ 82—2011）的规定	检查扭矩扳手标定记录和螺栓施工记录	全数检查资料
4	连接副外观质量	高强度螺栓连接副终拧后，螺栓螺纹外露应为 2～3 个螺距，其中允许有 10% 的螺栓螺纹外露 1 个螺距或 4 个螺距	观察检查	按节点数抽查 5%，且应不少于 10 个
5	摩擦面外观	高强度螺栓连接摩擦面应保持干燥、整洁，不应有飞边、毛刺、焊接飞溅物、焊疤、氧化铁皮、污垢等，除设计要求外摩擦面不应涂漆	观察检查	全数检查

(续)

序号	项目	合格质量标准	检验方法	检验数量
6	扩孔	高强度螺栓应自由穿入螺栓孔。高强度螺栓孔不应采用气割扩孔，扩孔数量应征得设计同意，扩孔后的孔径不应超过 1.2d（d 为螺栓直径）	观察检查及用卡尺检查	被扩螺栓孔全数检查

3.4.2　紧固件连接工程检验项目

1. 螺栓实物最小荷载检验

目的：测定螺栓实物的抗拉强度是否满足现行国家标准《紧固件机械性能　螺栓、螺钉和螺柱》（GB/T 3098.1—2010）的要求。

检验方法：用专用卡具将螺栓实物置于拉力试验机上进行拉力试验，以避免试件承受横向荷载，试验机的夹具应能自动调正中心，试验时夹头张拉的移动速度不应超过 25mm/min。

螺栓实物的抗拉强度需根据螺纹应力截面面积（A_s）计算确定，其取值应按现行国家标准《紧固件机械性能　螺栓、螺钉和螺柱》（GB/T 3098.1—2010）的规定取值。

在进行试验时，承受拉力荷载的未旋合的螺纹长度应为 6 倍以上螺距；当试验拉力达到现行国家标准《紧固件机械性能　螺栓、螺钉和螺柱》（GB/T 3098.1—2010）中规定的最小拉力载荷（$A_s\delta_b$）时不得断裂。当超过最小拉力荷载直至拉断时，断裂应发生在杆部或螺纹部分，而不应发生在螺头与杆部的交接处。

2. 扭剪型高强度螺栓连接副预拉力复验

复验用的螺栓应在施工现场待安装的螺栓批中进行随机抽取，每批应抽取 8 套连接副进行复验。

连接副预拉力可采用经计量检定、校准合格的轴力计进行复验。

试验用的电测轴力计、油压轴力计、电阻应变仪、扭矩扳手等计量器具，应在试验前进行标定，其误差不应超过 2%。

采用轴力计方法复验连接副预拉力时，应将螺栓直接插入轴力计。紧固螺栓应分初拧、终拧两次进行，初拧应采用手动扭矩扳手或专用定扭电动扳手；初拧值应为预拉力标准值的 50% 左右。终拧应采用专用电动扳手，至尾部梅花头拧掉，读出预拉力值。

每套连接副只准做一次试验，不得重复使用。在紧固中垫圈发生转动时，应更换连接副，重新试验。

复验螺栓连接副的预拉力平均值和标准偏差应符合表 3-19 的规定。

表 3-19　复验螺栓连接副的预拉力平均值和标准偏差　　（单位：kN）

螺栓直径/mm	16	20	22	24
紧固预拉力的平均值 $\overline{P}$	99 ~ 120	154 ~ 186	191 ~ 231	222 ~ 270
标准偏差 δ_p	10.1	15.7	19.5	22.7

3. 高强度螺栓连接副施工扭矩检验

高强度螺栓连接副扭矩检验含初拧、复拧、终拧扭矩的现场无损检验。检验所用的扭矩扳手其扭矩精度误差以不大于 3% 为宜。

高强度螺栓连接副扭矩检验分扭矩法检验和转角法检验两种，理论上检验法与施工法应相同。扭矩检验应在施拧 1h 后、48h 内完成。

（1）转角法检验　转角法检验方法如下：①检查初拧后在螺母与相对位置所画的终拧起始线和终止线所夹的角度是否达到规定值；②在螺尾端头和螺母相对位置画线，然后全部卸松螺母，在按规定的初拧扭矩和终拧角度重新拧紧螺栓，观察与原画线是否重合。终拧转角偏差应在 10° 以内。终拧转角与螺栓的直径、长度等因素有关，应由试验确定。

（2）扭剪型高强度螺栓施工扭矩检验　检验方法：观察尾部梅花头拧掉情况。若尾部梅花头被拧掉则其终拧扭矩达到合格质量标准；若尾部梅花头未被拧掉，则应按扭矩法或转角法检验。

（3）扭矩法检验　检验方法：在螺尾端头和螺母相对位置画线，将螺母退回 60° 左右，用扭矩扳手测定拧回至原来位置时的扭矩值。该扭矩值与施工扭矩值的偏差应在 10% 以内。

扭剪型高强度螺栓连接副初拧扭矩值 T_0 可按下式计算：

$$T_0 = KPd \tag{3-1}$$

式中　T_0——初拧扭矩值（N·m）；

P——施工预拉力标准值（kN）；

d——螺栓公称直径（mm）；

K——扭矩系数，按式（3-2）确定。

（4）高强度大六角头螺栓连接副扭矩系数复验　复验用螺栓应在施工现场未安装的螺栓批中随机抽取，每批应抽取 8 套连接副进行复验。

连接副扭矩系数复验用的计量器具应在试验前进行标定，其误差不应超过2%。

每套连接副只准做一次试验，不得重复使用。在紧固中垫圈发生转动时，应更换连接副，重新试验。

连接副扭矩系数的复验应将螺栓穿入轴力计，在测出螺栓预拉力 P 的同时，应测定施加于螺母上的施拧扭矩值 T，并应按式（3-2）计算扭矩系数 K。

$$K = T/(P \cdot d) \tag{3-2}$$

式中　T——旋拧扭矩（N·m）；

　　　d——高强度螺栓的公称直径（mm）；

　　　P——螺栓预拉力（kN）。

进行连接副扭矩系数试验时，螺栓预拉力值应符合表3-20的规定。

表 3-20　螺栓预拉力的范围

螺栓规格/mm		M16	M20	M22	M24	M27	M30
预拉力值 P	10.9s	93~113	142~177	175~215	206~250	265~324	325~390
	8.8s	62~78	100~120	125~150	140~170	185~225	230~275

每组8套连接副扭矩系数的平均值应为0.110~0.150，标准偏差应小于或等于0.010。

扭剪型高强度螺栓连接副当采用扭矩法施工时，其扭矩系数也应按此方法确定。

（5）高强度螺栓连接摩擦面的抗滑移系数检验

1）基本要求。制造厂和安装单位应分别以钢结构制造批为单位进行抗滑移系数试验。制造批可按分部（子分部）工程划分规定的工程量每2000t为一批，不足2000t的可视为一批。选用两种及两种以上表面处理工艺时，每种处理工艺应单独检验。每批选取三组试件。

抗滑移系数试验应采用双摩擦面的二栓拼接的拉力试件，如图3-1所示。

抗滑移系数试验用的试件应由制造厂加工，试件与所代表的钢结构构件应为同样材质、同批制作、采用同一摩擦面处理工艺和具有相同的表面状态，并应用同批同一性能等级的高强度螺栓连接副，在相同环境条件下存放。

试件钢板的厚度 t_1、t_2 应根据钢结构工程中有代表性的板材厚度来确定，同时应考虑在摩擦面滑移之前，试件钢板的净截面始终处于弹性状态；宽度 b 可参照表3-21规定取值。L_1 应根据试验机夹具的要求确定。

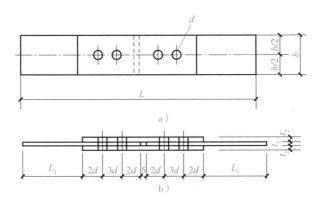

图 3-1　抗滑移系数拼接试件的形式和尺寸

a）正立面图　b）俯视图

L—试件钢板的总长度　L_1—试件的夹持长度

t_1，t_2—试件钢板的厚度　b—试件钢板的宽度；d—螺栓直径

表 3-21　试件板的宽度　　　　　　　　　（单位：mm）

螺栓直径 d	16	20	22	24	27	30
板宽 b	100	100	105	110	120	120

试件板面应平整，无油污，孔和板的边缘无飞边、毛刺。

2）试验方法。试验用的试验机误差应在 1% 以内。

试验用的贴有电阻片的高强度螺栓、压力传感器和电阻应变仪应在试验前用试验机进行标定，其误差应在 2% 以内。

试件的组装顺序应符合下述规定。

先将冲钉打入试件孔定位，然后逐个换成装有压力传感器或贴有电阻片的高强度螺栓，或换成同批经预拉力复验的扭剪型高强度螺栓。

紧固高强度螺栓应分初拧、终拧。初拧应达到螺栓预拉力标准值的 50% 左右。终拧后，螺栓预拉力应符合下述规定：①对装有压力传感器或贴有电阻片的高强度螺栓，采用电阻应变仪实测控制试件，每个螺栓的预拉力值应在 $0.95P \sim 1.05P$（P 为高强度螺栓设计预拉力值）之间；②不进行实测时，扭剪型高强度螺栓的预拉力（紧固轴力）可按同批复验预拉力的平均值取用。

试件应在其侧面画出观察滑移的直线。

将组装好的试件置于拉力试验机上，试件的轴线应与试验机夹具中心严格对中。加荷载时，应先加 10% 的抗滑移设计荷载值，停 1min 后，再平稳加荷载，加荷载速度为 3~5kN/s。直拉至滑动破坏，测得滑移荷载 N_v。

在试验中若发生以下情况时，所对应的荷载可定为试件的滑移荷载：①试件突然发生"嘣"的响声；②试验机发生回针现象；③试件侧面画线发生错动；④X-Y 记录仪上变形曲线发生突变。

抗滑移系数应根据试验所测得的滑移荷载 N_v 和螺栓预拉力 P 的实测值，按式 (3-3) 计算，应取小数点后两位有效数字。

$$\mu = \frac{N_v}{n_f \sum\limits_{i=1}^{m} P_i} \tag{3-3}$$

式中 N_v——由试验测得的滑移荷载（kN）；

n_f——摩擦面面数，取 $n_f = 2$；

$\sum\limits_{i=1}^{m} P_i$——试件滑移一侧高强度螺栓预拉力实测值（或同批螺栓连接副的预拉力平均值）之和（取三位有效数字）（kN）；

m——试件一侧螺栓数量，取 $m = 2$。

3.5　紧固件连接常见问题原因及控制方法

3.5.1　栓钉焊接外观质量不符合要求

1. 现象

栓钉焊接外观过厚、少薄、凹陷、裂纹、未熔合、咬边、气孔等，如图 3-2 所示。

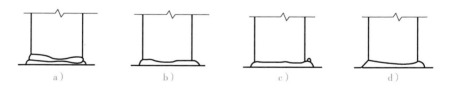

图 3-2　栓钉焊接外形检查标准

a）双层过厚焊层　b）少薄焊层　c）凹陷焊层　d）正常焊层

2. 原因分析

1）栓钉熔化量过多，焊接金属凝固前，焊枪被移动，焊肉过厚。

2）焊枪不够平滑，膨径太小，焊肉过薄。

3）当焊枪脱落时，焊枪向右移动，焊肉凹凸。

4）母材材质问题，除锈不彻底，低温焊接、潮湿等，焊肉易出现裂纹。

5）电流过小，出现焊钉与母材未熔合，电流过大易咬边。

6）瓷环排气不当，接触面不清洁，易出现气孔。

3. 预防措施

1）栓钉焊前，必须按焊接参数调整好提升高度（即栓钉与母材间隙），焊接金属凝固前，焊枪不能移动。

2）栓钉焊接的电流大小、时间长短应严格按规范进行，焊枪下落要平滑。

3）焊枪脱落时要直起不能摆动。

4）母材材质应与焊钉匹配，栓钉与母材接触面的锌和潮湿必须彻底清除干净，低温焊接应通过低温焊接试验确定参数进行试焊，低温焊接不准立即清渣，应加以保温。

5）控制好焊接电流，以防栓钉与母材未熔合和焊肉咬边。

6）瓷环尺寸应符合标准，排气要好，栓钉与母材接触面必须清理干净。

7）焊肉高大于 1mm，焊肉宽大于 0.5mm；焊肉应无气泡和夹渣；咬肉深度小于 0.5mm 或咬肉深度小于或等于 0.5mm，并已打磨去掉咬肉处的锋锐部位；焊钉焊后高度偏差小于 ±2mm。

4. 治理方法

修补栓钉焊接挤出缝缺损时，焊缝应超过缺损两端 9.5mm；构件受扭部位修补时应铲除不合格焊钉的母材表面，打磨光洁、平整，若母材出现凹坑，用手工焊方法填足修平；修补构件受压部位的不合格焊钉时可以不铲除，在原焊钉附近重焊一枚，若进行铲除，母材缺损处应打磨光洁、平整，凹坑填足修平；若缺损深度小于 3mm，且小于母材厚度的 7% ，则可不做修补。

3.5.2　高强度螺栓紧固力矩超拧或少拧

1. 现象

高强度螺栓紧固力矩超拧易断，少拧则达不到设计额定值。

2. 原因分析

1）手动或电动扭矩扳手未经定期检验校准，施工前未对扭矩扳手进行校核。

2）对大六角头高强度螺栓和扭剪型高强度螺栓的扭矩值计算有误。

3）高强度螺栓连接副产生预拉力损失。

4）高强度螺栓施工人员未经专业培训，不懂操作要领，违反操作规程。

5）螺栓群施拧顺序混乱或未经标记，个别螺栓漏拧或超拧。

3. 防治措施

1）高强度螺栓施工人员必须经过专业的培训，熟悉全套施工工艺，取得上岗证后方可操作。

2）扭矩扳手使用前必须校正，其扭矩误差不得超过±5%，校正后的扭矩扳手，其扭矩误差不得超过±3%，校正合格后方可使用。

3）对大六角头高强度螺栓和扭剪型高强度螺栓的扭矩值准确计算。

4）扭剪型高强度螺栓终拧结束，以梅花头拧掉为合格。大六角头高强度螺栓终拧结束，采用0.3～0.5kg的小锤逐个敲击检验，且应进行扭矩检查，欠拧或漏拧者应及时补拧，超拧者应予更换。

5）扭矩检查应在终拧后1～24h内完成，欠拧或漏拧者应及时补拧，超拧者必须更换。扭矩检查时，应将螺母退回60°，再拧至原位测完扭矩，该扭矩与检查施工扭矩的偏差应控制在10%以内才算合格。

3.5.3 柱地脚螺栓套螺纹长度不够

1. 现象

地脚螺栓套螺纹长度不够主要表现为轻型钢柱安装时螺母和垫板不能正确就位。

2. 原因分析

1）地脚螺栓螺纹安装时标高有误，地脚螺栓套螺纹长度不够。

2）柱脚底板下抗剪连接件（常用角钢、工字钢等型钢焊在柱脚底板下表面）高度过大，超过了柱脚底板至基础顶预留空隙。设计时未充分考虑其对柱底标高的影响。

3. 防治措施

1）地脚螺栓套螺纹长度不够。地脚螺栓长度允许偏差见表3-22。

表3-22 地脚螺栓的长度允许偏差

地脚螺栓	允许偏差
伸出支承面长度	0～30mm
螺纹长度	0～30mm

2）地脚螺栓加工前应该计算好套螺纹的长度，应包括上下螺母及垫板的厚度、标高调整的余量及外露螺纹的长度。

3）基础施工单位应在浇筑混凝土前把地脚螺栓固定，避免浇筑过程中地脚螺栓滑移。

4）设计时应注意使抗剪连接件高度小于底板与基础的预留空隙。

5）柱脚底板上部螺纹长不够时，可将双螺母改为单螺母，但应与螺杆焊牢；柱脚底板下部螺纹长不够时，可变螺母垫板找平为垫铁找平，也可以加长套螺纹。

3.5.4　高强度螺栓扭矩系数偏小

1. 现象

大六角头高强度螺栓的扭矩系数达不到设计要求是指扭矩系数超过 0.11 ~ 0.15 的范围。

2. 原因分析

1）大六角头高强度螺栓运输、工地保管不当，安装时未按同一批次配套使用。

2）大六角头高强度螺栓未做连接副扭矩系数复验。

3）大六角头高强度螺栓连接副、螺母、垫圈安装方向不对。

4）螺栓孔错位，安装时强行打入，使螺纹损伤，导致扭矩系数降低，直接影响螺杆的拉力。

5）高强度螺栓用作临时固定螺栓，初拧、终拧间隔时间过长，冬雨期容易影响螺杆拉力，导致扭矩系数会发生较大的变化。

3. 防治措施

1）大六角头高强度螺栓在成品运输、保管过程中要轻装、轻卸，制造厂是按批保证扭矩系数，所以安装时也要按批内配套使用，并且要求按数量领取，不乱扔乱放，不要碰坏螺纹及沾污物。

2）如果螺孔错位，高强度螺栓不准强行打入，在允许范围内可以扩孔。

3）制造厂按批配套进货，必须具有相应的出厂质量保证书。

4）运到现场的高强度螺栓在施工前必须对连接副按批做扭矩系数复验，并应与质量保证书技术指标相符。

5）大六角头高强度螺栓连接副有两个垫圈，安装时垫圈带倒角的一侧必须朝向螺栓头，对于螺母一侧的垫圈，有倒角的一侧朝向螺母（因有倒角一侧平整光滑，拧紧时扭矩系数较小）。

6）螺栓孔错位时不应该强行打入，在允许偏差范围内可以扩孔。

7）高强度螺栓不允许用作临时固定螺栓，初拧、终拧间隔时间不应过长，应在同一天内完成。

3.5.5 高强度螺栓抗滑移系数偏小

1. 现象

高强度螺栓摩擦面的抗滑移系数最小值小于设计限值。

2. 原因分析

1）高强度螺栓摩擦面处理方法不当。

2）已经处理的摩擦面未采取保护措施，使摩擦面上有污染物、雨水等。

3）试件连接件制作不合理。

4）试验时试件轴线未与拉力试验机夹具对中。

5）抗滑移系数计算时高强度螺栓实测预拉值不符合要求。

6）制造、安装单位没有按照钢结构制作批次抽样试验。

3. 防治措施

1）高强度螺栓摩擦面处理方法有喷砂或喷丸处理、喷丸后生锈处理、喷丸后涂无机富锌漆处理、砂轮打磨、手工钢丝刷清理等。每种方法都有其适用范围和工艺，必须按照标准的规程操作。如采用砂轮打磨的方法，打磨的方向应与构件受力方向垂直，且打磨范围不得小于螺栓直径的 4 倍。

2）已经处理好的摩擦面再度沾有污物、油漆、锈蚀、雨水等，都会降低抗滑移系数值，对加工好的连接面，必须采取保护措施。

3）试件连接应采取双面对接拼接，试件轴线必须与试验夹具严格对中，避免偏心引起的测量及试验误差。

4）为避免偏心引起测试误差，试件连接形式采用双面对接拼接，采用二栓试件，避免偏心影响。

5）制作工厂应在钢结构制作的同时进行抗滑移系数试验。安装单位应检验运到现场的钢结构构件摩擦面抗滑移系数是否符合设计要求。

6）抗滑移系数检验的最小值必须大于或等于设计值，否则钢结构不能出厂或者工地不能进行安装，必须对摩擦面重新处理、重新检验，直到合格为止。

7）制造、安装单位应按照钢结构制作批次抽样试验，检验钢结构构件摩擦面抗滑移系数，以保证满足设计要求。摩擦面的抗滑移系数是连接设计的重要参数，检验值必须大于或等于设计值，否则不能进行安装，必须对摩擦面重新处理，直到满足要求。

3.5.6　高强度螺栓连接副质量常见问题

1. 现象

外观及材质不符合设计要求。

2. 原因分析

1）高强度螺栓连接副由于运输、存放、保管不当，表面生锈，沾染污物，螺纹损伤，直接影响连接副的扭矩系数和紧固轴力。材质和制作工艺不合理，连接副表面出现发丝裂纹。

规范不清楚或代用长度不够标准化。

2）高强度螺栓连接副选材不符合标准，螺栓楔负载、螺母保证荷载、螺母及垫圈硬度、连接副的扭矩系数平均值和标准偏差或连接副的紧固轴力平均值和变异系数，在制作中易出现问题。

3. 预防措施

1）高强度螺栓连接副储运应轻装、轻卸、防止损伤螺纹；存放、保管必须按规定进行，防止生锈和污物。所选用材质必须经过化验，符合有关标准，制作出厂必须有质量保证书，严格制作工艺流程，用超探或磁粉探伤检查连接副有无发丝裂纹情况，合格后方可出厂。高强度螺栓连接副长度必须符合标准，附加长度可按表 3-23 选用。

表 3-23　高强度螺栓附加长度　　　　　（单位：mm）

螺栓直径	12	16	20	22	24	27	30
大六角高强度螺栓	25	30	35	40	45	50	55
扭剪型高强度螺栓	—	25	30	35	40	—	—

2）高强度螺栓连接副施拧前必须对上述原因分析 2）中所列项目进行检验。检验结果应符合国家标准后方可使用。高强度螺栓连接副制作单位必须按批配套供货，并有相应的成品质量保证书。

4. 治理方法

1）施拧前进行严格检查，严禁使用螺纹损伤的连接副，对生锈和沾染污物要按有关规定进行除锈和去除污物。

2）根据设计有关规定及工程重要性，运到现场的连接副必要时要逐个或批量按比例进行磁粉和着色探伤检查，凡裂纹超过允许规定的，严禁使用。

3）螺栓螺纹外露长度应为 2～3 扣，其中允许有 10% 的螺栓螺纹外露 1 扣或 4 扣。

4）大六角头高强度螺栓（图 3-3a）施工前，应按出厂批复验高强度螺栓连接副的扭矩系数，每批复检 8 套，8 套扭矩系数的平均值应在 0.110～0.150 范围之内，其标准偏差小于或等于 0.010。

5）扭剪型高强度螺栓（图 3-3b）施工前，应按出厂批复验高强度螺栓连接副的紧固轴力，每批复检 8 套，8 套紧固预拉力的平均值和标准偏差应符合相关规定。

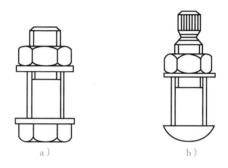

图 3-3　两种高强度螺栓构造示意

a）大六角高强度螺栓　b）扭剪型高强度螺栓

6）复检不符合规定者，制作厂家、设计、监理单位协商解决，或作为废品处理。为防止假冒伪劣产品，无正式质量保证书的拒绝使用。

3.5.7　地脚螺栓埋设不规范

1. 现象

螺栓位置、标高、螺纹长超过允许值，预埋地脚螺栓与轴线相对位置超过允许值。

2. 原因分析

1）固定螺栓的样板尺寸有误或孔距不准确。

2）固定螺栓措施不当，预埋时没有精确到位，在浇筑混凝土时造成螺栓位移。

3）施工机械造成的碰撞错位。

3. 预防措施

1）样板尺寸放完后，在自检合格的基础上交监理抽检，进行单项验收。

2）在预埋螺栓的定位测量时，大型厂房若从第一条轴线依次量测到最后一条轴线，往往容易产生累计误差，故宜从中间开始往两边测量。

3）预埋地脚螺栓尽量不要与混凝土结构中的钢筋焊接在一起，最好有一套独立的固定系统，如采用井字形钢管固定。在混凝土浇灌完成后要立即进行复测，发现偏差及时处理。

4）预埋完成后，要对螺栓及时进行围护标示，做好成品保护。

5）固定螺栓可采用下列两种方法：①先浇筑混凝土预留孔洞后埋螺栓，采用型钢两次校正办法，检查无误后，浇筑预留孔洞；②将每根柱的地脚螺栓每 8 个或 4 个用预埋钢架固定，一次浇筑混凝土，定位钢板上的纵横轴线允许误差为 0.3mm。

4. 治理方法

1）实测钢柱底座螺栓孔距及地脚螺栓位置数据，将两项数据归纳是否符合质量标准。

2）当螺栓位移超过允许值，可用氧-乙炔火焰将底座板螺栓孔扩大，安装时另加长孔垫板或厚钢垫板焊接。也可将螺栓根部混凝土凿去 50～100mm，而后将螺栓稍弯曲，再烤直。

3.5.8　球壳安装不规范

1. 现象

安装过程中出现杆件长短和栓孔偏差过大，无法安装。

2. 原因分析

1）杆件及零部件加工精度不够。

2）测量仪器精度不够。

3）测量工艺不合理。

4）安装工艺不尽合理。

5）阶段性施工荷载对已安装好的结构构件产生影响。

3. 防治措施

1）双层（单层）球壳节点形状一般为焊接空心球和螺栓球（包括螺栓空心球）节点，其加工的允许偏差应符合表 3-4、表 3-24 的规定。

表 3-24　焊接球加工的允许偏差

项次	项目	允许偏差	检验方法
1	直径	$\pm 0.005d$	用卡尺和游标卡尺检查

（续）

项次	项目	允许偏差	检验方法
2	圆度	±2.5	用卡尺和游标卡尺检查
3	壁厚减薄量	$0.13t$，且不应大于 1.5	用卡尺和测厚仪检查
4	两半球对口错边	1.0	用套模和游标卡尺检查

2）经纬仪、全站仪、激光铅直仪、水平仪、钢尺等测量仪器必须经过计量鉴定合格后方可使用。

3）网壳节点属于三维空间，节点坐标控制至关重要。根据网壳特点，定出测量节点特征点，支架支点间距为 ±5mm，螺栓球间距为 ±1mm，螺栓球标高为 ±5mm。

4）采用合理的安装工艺。要满足网壳安装精度，必须控制好小拼单元制作和装配精度；控制好球节点的空间定位；控制好焊接、安装变形及整体组拼时的精度。

焊接空心球节点网壳，宜采用全支架法拼装，易于掌握各节点的坐标位置。

螺栓球节点网壳，刚度较小部分各节点不可设支托。单层网壳刚度较小时，可采用全支架法。

网壳可根据现场施工条件，在端部搭设拼装平台，利用柱间联系梁设滑道，可采用累积滑移法。如果柱间无连系梁，可采用活动拼装平台滑移法累积拼装网壳。

对双层（单层）球壳，刚度较大时可采用外（内）扩法，球壳可逐圈向外（内）拼装，利用开口壳来支承壳体自重，如图 3-4、图 3-5 所示。

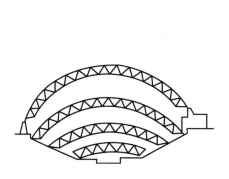

图 3-4　外扩法拼接网壳

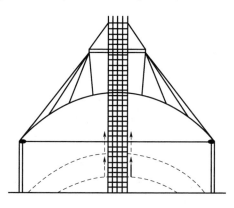

图 3-5　球面网壳外扩法拼接示意图

5）对悬挑法无支架的外（内）护法，应通过设计验算，在拼装过程中，网壳刚度能否承受自重及施工荷载。如果在拼装过经计算杆件会出现挠度，就需增加必要的支架或局部搭设支架。

3.5.9　栓钉焊接质量常见问题汇总

1）购买的栓钉表面应无有害皱皮、毛刺、微观裂纹、扭曲、弯曲，不得粘有油垢、铁锈等有害物质，栓钉头部的径向裂纹或开裂尚未延伸到头部周边至柱体距离的一半时，应视为合格。

2）焊接工艺评定试验、检测中所使用的设备、仪器，应在计量检定有效期内，相关的力学试验、化学检测报告应由具有相应资质的检测单位出具。

3）栓钉焊施焊环境温度低于0℃时，打弯试验的数量应增加1%；当焊钉采用手工电弧焊或气体保护电弧焊焊接时，其预热温度应符合相应工艺要求。

4）组合梁栓钉连接件的设置除应满足结构构造要求外，应注意以下要求：①当栓钉位置不正对钢梁腹板时，如钢梁上翼缘受拉力，则栓钉直径不应大于钢梁上翼缘板厚度的1.5倍；如钢梁上翼缘不承受拉力，则栓钉直径不应大于钢梁上翼缘板厚度的2.5倍；②栓钉长度不应小于栓钉直径的4倍；③沿钢梁轴线方向布置的栓钉间距不应小于$6d$（d为栓钉直径），而垂直轴线布置的栓钉间距不应小于$4d$；④栓钉焊接位置距钢构件边缘的距离不得小于50mm。

5）常见问题及防治措施有以下几点。

①未熔合：栓钉与压型铜板金属部分未熔合，要加大电流增加焊接时间。

②咬边：栓焊后压型钢板甚至钢梁被电弧烧成缩径。原因是电流时间长，要调整焊接电流及时间。

③磁偏吹：由于使用直流焊机电流过大造成。要将地线对称接在工件上，或在电弧偏向的反方向放一块铁板，改变磁力线的分布。

④气孔：焊接时熔池中气体未排出而形成的。原因是板与梁有间隙、瓷环排气不当、焊件上有杂质在高温下分解成气体等。应减小上述间隙，做好焊前清理。

⑤裂纹：在焊接的热影响区产生裂纹及焊肉中产生裂纹。原因是焊件的质量问题，压型钢板除锌不彻底或因低温度焊接等原因造成。解决的方法是，彻底除锌，焊前做栓钉的材质检验。温度低于-10℃要预热焊接；低于-18℃停止焊接；下雨、雪天停止焊接。当温度低于0℃时，要求在每100枚中打弯两根试验的基础上，再加1根，不合格者停焊。

6）当不合格栓钉已经从组件上去除，则应将切除栓钉的部位修整光滑和平齐。当在去除栓钉过程中该部位母材被拉出，则应按工艺规定使用低氢型焊条，采用手工焊方法补焊（应注意预热），并将焊缝表面打磨平齐，再在附近重新焊上栓钉，替换的栓钉应做与原轴线成约15°的弯曲试验。

7）在栓钉杆（无螺纹部分）发生深度0.5mm以上的咬肉，在其邻近部位用手工焊条补焊，在母材上产生的超标咬肉则采用手工焊条按工艺先预热再进行补焊。

8）对焊后尺寸不符的栓钉，将不好的栓钉根部保留5～10mm，其余部分全部割掉，在附近重新焊接。对有裂纹和损伤的栓钉原则上保留5～10mm，其余则割掉，再在附近重新焊上，替换的栓钉应做与原轴线成约15°的弯曲试验。

9）进行栓钉焊的构件，应搁置平整，构件中部适当支撑，避免支撑不当导致构件变形。

10）栓钉焊接的质量检验及验收应由有资格的专职质检人员承担。

11）焊工自检：①焊接前都要检验构件标记、焊接设备和焊接材料，清理现场；②焊接过程中，应预热并保持温度，按认可的焊接工艺焊接；③焊后应清除焊渣和飞溅物，检查焊缝尺寸、焊缝外观、咬边、焊瘤、裂纹和弧坑。

12）在施工工地，栓钉焊应设单独电源。

第4章　钢零件及钢部件加工

4.1　钢构件的放样与号料

4.1.1　施工准备工作

1. 审核设计图

加工前，应进行设计图纸的审核，熟悉设计施工图和施工详图，做好各道工序的工艺准备，结合加工工艺，编制作业指导书。放样前的审图是一个非常重要的环节。

1）施工图下达生产车间以后，必须经专业人员认真审核。审图人员必须从设计总配置开始，逐个图号、逐个部位核对，找清相应安装或装配关系。

2）核对外形几何尺寸、各部件之间尺寸能否互相衔接。

3）逐个核对各节点、孔距、孔位、孔径等相关尺寸。

4）认真核对施工图零件数量、单重和总重，这是重要的一环，这是由于施工材料表标注往往有误，造成进料不足及交工结算困难。

发现施工图标注不清的问题要及时向设计部门反映，不得擅自修改。以免模糊不清的标注给生产造成困难。

2. 准备放样工具与放样台

（1）放样工具　放样常用的工具主要有：划针、冲子、手锤、粉线、弯尺、直尺、钢卷尺、大钢卷尺、剪刀、小型剪板机、折弯机等。钢卷尺必须经计量部门的校验复核，合格后方可使用。

（2）放样台　放样台是专门用来放样的，放样台主要可以分为以下两种：

1）木质放样台。木质放样台应设置于室内，光线要充足，干湿度要适宜。木地板放样台应刷上淡色无光漆，并注意防火。

2）钢制地板放样台。钢质地板放样台一般刷上白粉或白油漆，这样可以划出易于辨认的线条，以表示不同的结构形状，使放样台上的图面清晰，不致混乱。

放样平台表面应保持平整光洁，平时仍需保护台面，不允许在其上对活、击打、矫正工作等。此外，钢结构放样也可在装饰好的室内地坪上进行。如果在地坪上放样，也可根据实际情况采用弹墨线的方法。

3. 确定加工余量

放样和号料需预留余量，通常主要包括以下几种：

（1）切割余量（割缝宽度留量） 切割余量与板材的厚度有关，当无明确规定时，可参照表4-1来取值。

表4-1 切割余量

切割方式	材料厚度/mm	切割宽度余量/mm
气割号料	≤10	1~2
	10~20	2.5
	20~40	3.0
	>40	4.0

（2）加工余量 由于铣刨加工时常常成叠进行操作，尤其当长度较大时，材料不易对齐，因此，要对所有加工边预留加工余量，加工余量通常以预留5mm为宜。

（3）焊接收缩量 焊缝冷却时，在其横向、纵向均有收缩。焊接收缩量由于受气候条件、施焊工艺和结构断面等多种因素的影响，变化较大，需依设计确定。

（4）弹性压缩量 高层钢结构的框架柱还应预留弹性压缩量，高层钢框架柱的弹性压缩量应按照结构自重和实际作用的活荷载产生的柱轴力计算。柱压缩量应由设计者提出，由制作厂和设计者协商确定其数值。

4.1.2 钢构件放样技巧

放样是整个钢结构制作工艺中的第一道工序，只有放样尺寸精确，才能避免以后各道加工工序的累积误差，才能保证整个工程的质量。

1）首先要仔细看清技术要求，并逐个核对图纸之间的尺寸和相互关系，有疑问时应联系有关技术部门予以解决。

2）放样作业人员应熟悉整个钢结构加工工艺，了解工艺流程及加工过程，以及加工过程中需要的机械设备性能及规格。

3）放样台应平整，其四周应做出互相成90°的直线，再在其中间作出一根平行线及垂直线，作校对样板之用。

4）放样时以1∶1的比例在样板台上弹出大样。当大样尺寸过大时，可分段弹出。对一些三角形的构件，如果只对其节点有要求，则可以缩小比例弹出样子，但应注意其精度。

5）放样所画的实笔线条粗细不得超过0.5mm，粉线在弹线时的粗细不得超过1mm。

6）用作计量长度依据的钢盘尺，特别注意应经授权的计量单位计量，且附有偏差卡片，使用时按偏差卡片的记录数值校对其误差数。钢结构制作、安装、验收及土建施工用的量具，必须用同一标准进行鉴定，应有相同的精度等级。

7）倾斜杆件互相连接的地方，应根据施工详图及展开图进行节点放样，并且需要放构件大样，如果没有倾斜杆件的连接，则可以不放大样，直接做样板。

8）实样完成后应做一次检查，主要检查其中心距、跨度、宽度及高度等尺寸，如果发现差错应及时进行改正，对于复杂的构件，其线条很多而不能都画在样台上时，可用孔的中心线代替。

4.1.3　样板和样杆制作

样板一般采用厚度0.3～0.5mm的薄钢板或薄塑料板制成，样杆一般用钢皮或扁铁制作，当长度较短时可用木尺杆。也可采用旧的样板和样杆，但必须铲除原样板、样杆上的字迹和记号，以免出错。

1. 样板、样杆的类型和材质要求

样板通常可以分为四种类型，见表4-2。

表4-2　样板的分类

序号	种类	内容
1	成型样板	用于煨曲或检查弯曲件平面形状的样板。此种样板不仅用于检查各部分的弧度，同时又可以作为端部割豁口的号料样板
2	号孔样板	专用于号孔的样板
3	号料样板	供号料或号料同时号孔的样板
4	卡型样板	用于煨曲或检查构件弯曲形状的样板。卡型样板分为内卡型样板和外卡型样板两种

样板、样杆通常采用铝板、薄钢板等材料制作，按精度要求不同选用的材料也

不同。在采用除薄钢板以外的材料时，需注意由于温度和湿度引起的误差。零件数量多且精度要求较高时，可选用0.5~2.0mm厚的薄钢板制作样板、样杆。号料数量少、精度要求不高时，可用硬纸板、油毡纸等制作。

样板、样杆上应注明构件编号，如图4-1所示是某钢屋架的一个上弦节点板的样板，钢板厚度为12mm，共96块。对于型钢则用样杆，它的作用主要是用来标定螺栓或铆钉的孔心位置，如图4-2所示是某钢屋架上弦杆的样杆。

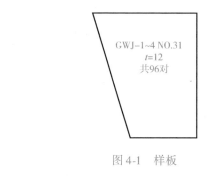

GWJ-1~4 NO.31
$t=12$
共96对

图4-1　样板

左　　　右
GWJ-1~4 NO.10　┳┣ 125×80×8-8060 共32对

图4-2　样杆

样板、样杆应妥善保管，防止折叠和锈蚀，以便于在出现误差时进行校核，直至工程结束后方可销毁。对单一的产品零件，从经济上讲没有制作样杆、样板的必要时，可以直接在所需厚度的平板材料或型钢上进行画线号料。

2. 制作方法

对不需要展开的平面形零件的号料样板有如下两种制作方法。

（1）画样法　画样法即按零件图的尺寸直接在样板料上做出样板。

（2）过样法　过样法（又称移出法），主要可以分为不覆盖过样和覆盖过样两种。不覆盖过样法是通过做垂线或平行线，将实样图中的零件形状过到样板料上。覆盖过样法则是把样板料覆盖在实样图上，再根据事前做出的延长线，画出样板。

为了保存实样图，一般采用覆盖过样法，而当不需要保存实样图时，则可采用画样法制作样板。对单一的产品零件，可以直接在所需厚度的平板材料（或型材）上进行画线号料，不必在放样台上画出放样图和另行制出样板。对于较复杂带有角度的结构零件，不能直接在板料型钢上号料时，可用覆盖过样的方法制出样板，利用样板进行画线号料，如图 4-3 所示。

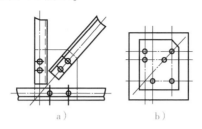

图 4-3　覆盖过样法示意图

a）结构实样子　b）过样样板

3. 样板、样杆的允许偏差

样板、样杆制作时，应做到按图施工，从画线到样板制作，应做到尺寸精确，尽可能减少误差。对于号料样板，其尺寸一般应小于设计尺寸 0.5～1.0mm，因画线工具沿样板边缘画线时增加距离，这样正负值相抵，可减少误差。

样板、样杆的制作尺寸允许偏差应符合表 4-3 的规定。

表 4-3　样板、样杆的制作尺寸允许偏差

项目		允许偏差/mm
样板	长度	±0.5
	宽度	±0.5
	两对角线长度差	1.0
样杆	长度	±1.0
	两最远处排孔中心线距离	±1.0
同组内相邻两孔中心线距离		±0.5
相邻两组端孔间中心线距离		±1.0
加工样板的角度		±20′

4. 节点放样及制作

焊接球节点和螺栓球节点有专门工厂生产，一般只需按规定要求进行验收；而焊接钢板节点，一般都根据各工程单独制造。焊接钢板节点放样时，先按图样用硬纸剪成足尺样板，并在样板上标出杆件及螺栓中心线，钢板即按此样板号料。

制作时，钢板相互间先根据设计图样用电焊点上，然后以角尺及样板为标准，用锤轻击逐渐校正，使钢板间的夹角符合设计要求，检查合格后再进行全面焊接。为了防止焊接变形，带有盖板的节点，在点焊定位后，可用夹紧器夹紧，再全面施

焊，如图 4-4 所示。钢板节点的焊接顺序如图 4-5 所示，同时施焊时应严格控制电流并分批焊接，例如用 6 的焊条，电流控制在 210A 以下，当焊缝高度为 6mm 时，分成两批焊接。

为了使焊缝左右均匀，应用船形焊接法焊接，如图 4-6 所示。

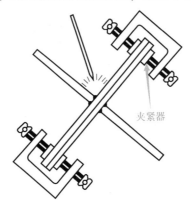

图 4-4　用夹紧器辅助焊接

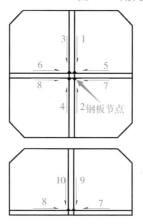

图 4-5　钢板节点焊接顺序（图中 1～10
表示焊接顺序）

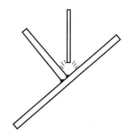

图 4-6　船形焊接法

4.2　钢构件的切割

4.2.1　常用切割方法

钢材的切割可以通过冲剪、切削、气体切割、锯切、摩擦切割和高温热源来实现，应根据钢材的截面形状、厚度及切割边缘的质量要求而采用不同的切割方法。

目前，常用的切割方法有机械切割、气割、等离子切割三种，其使用设备、特点及适用范围见表4-4。

表4-4　各类切割方法分类比较

类别	选用设备	特点	使用范围
机械切割	剪板机、型钢冲剪机	切割速度快、切口整齐、效率高	适用板厚<12mm 的零件钢板、压型钢板、冷弯型钢
	砂轮锯	切口光滑、生刺较薄易清除，噪声大，粉尘多	适用于切割厚度<4mm 的薄壁型钢及小型钢管
	无齿锯	切割速度快、切口不光洁，噪声大	可切割不同形状的各类型钢、钢管、钢板，可切割精度较低的构件或号料留有余量，最后尚需精加工的构件
	锯床	切割精度高	适用于切割各种型钢及梁柱等构件
气割	自动或半自动切割机、多头切割机、数控切割机、仿形切割机、多维切割机	切割精度高，速度快，在其数控气割时可省去放样、画线等工序而直接切割	适用于中厚钢板
	手工切割	设备简单、操作方便、费用低、切口精度较差	小零件板及修正号料，或机械操作不便时
等离子切割	等离子切割机	切割温度高、冲刷力大，切割边质量好，变形小	适用于薄钢板、钢条及不锈钢

4.2.2　切割要求

1. 切割余量

钢材的切割余量可依据设计进行确定。如无明确规定，可参见表4-5选取。

表4-5　切割余量

加工余量	锯切	剪切	手工切割	半自动切割	精密切割
切割缝	—	1	4~5	3~4	2~3
刨边	2~3	2~3	3~4	1	1
铣平	3~4	2~3	4~5	2~3	2~3

2. 切割面质量要求

1) 钢材切割后，不得有分层，断面上不得有裂纹，应清除切口处的毛刺或熔渣和飞溅物。

2) 钢材的切割面应符合下列各项要求：

①切割面平面度 u 如图 4-7 所示，即在所测部位切割面上的最高点和最低点，按切割面倾角方向所作两条平行线的间距，应符合 $u \leq 0.05t$ （t 为切割面厚度），且不大于 2.0mm。

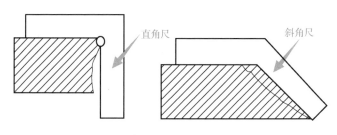

图 4-7 切割面平面度示意图

②切割面割纹深度（表面粗糙度）h 如图 4-8 所示，即在沿着切割方向 20mm 长的切割面上，以理论切割线为基准的轮廓峰顶线与轮廓峰底线之间的距离，$h \leq 0.2$mm。

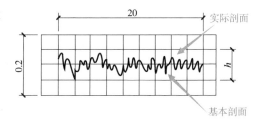

图 4-8 切割面割纹深度示意图

③局部缺口深度，即在切割面上形成的宽度、深度及形状不规则的缺陷，它使均匀的切割面产生中断。其深度应小于等于 1.0mm。

④钢材切割面应无裂纹、夹渣、分层和大于 1mm 的缺棱，如图 4-9 所示。

⑤剪切面的垂直度如图 4-10 所示，应小于等于 2.0mm。

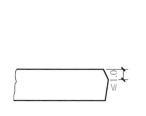

图 4-9 机械剪切面的边缘缺棱示意图

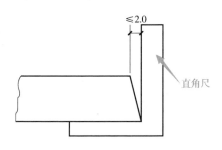

图 4-10 剪切面的垂直度示意图

⑥切割面出现裂纹、夹渣、分层等缺陷，一般是钢材本身的质量问题，特别是厚度大于 10mm 的沸腾钢钢材容易出现这类问题，故需特别注意。

4.2.3　剪切号料

1. 剪切施工操作技巧

剪切一般在斜口剪床、龙门剪床、圆盘剪床等专用机床上进行。

（1）在斜口剪床上剪切　为了使剪刀片具有足够的剪切能力，其上剪刀片沿长度方向的斜度一般为 10°～15°，截面的角度为 75°～80°。这样可避免在剪切时剪刀和钢板材料之间产生摩擦，如图 4-11 所示，上、下剪刀刃也有约 5°～7° 的刃口角。剪切角钢的刀片内圆弧应该根据角钢的内圆弧半径 R 而变化，当角钢为 30°～130° 时，其内圆弧半径 R 为 4～12mm。可把刀片的内圆弧半径 R 分做成 4～5 级，使用时便于随时调换。

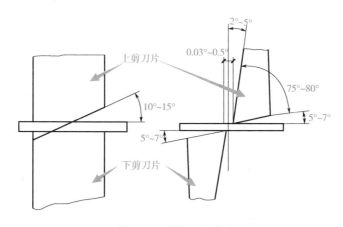

图 4-11　剪切刀的角度

上下刀刃的间隙必须调节适当，间隙过大，剪切时材料容易发生翻翘，并造成切口断面粗糙和产生毛刺，因此应该根据板厚进行调正。厚度越厚，间隙应越大一些。一般斜口剪床适用于剪切厚度在 25mm 以下的钢板。

（2）在龙门剪床上剪切　剪切前，将钢板表面清理干净，并画出剪切线，然后将钢板放在工作台上。剪切时，首先将剪切线的两端对准下刀口。多人操作时，选定一人指挥，控制操纵机构。剪床的压紧机构先将钢板压牢后，再进行剪切，这样一次就完成全长的剪切，而不像斜口剪床那样分几段进行。因此，在龙门剪床上进行剪切操作要比斜口剪床容易掌握。龙门剪床上的剪切长度不能超过下刀口长度。

（3）在圆盘剪切机上剪切　圆盘剪切机是剪切曲线的专用设备。圆盘剪切机的剪刀由上、下两个呈锥形的圆盘组成。上、下圆盘的位置大多数是倾斜的，并可以调节，如图 4-12 所示。上圆盘是主动盘，由齿轮传动，下圆盘是从动盘，固定在机座上，钢板放在两盘之间，可以剪切任意曲线形。在圆盘剪切机上进行剪切之前，首先要根据被剪切钢板厚度调整上、下两只圆盘剪刀的距离。

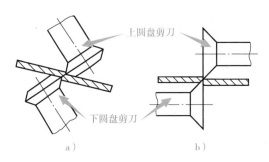

图 4-12　两种不同圆盘剪切的装置

a）倾斜式　b）非倾斜式

2. 剪切允许偏差

机械剪切的允许偏差应符合表 4-6 的规定。

表 4-6　机械剪切的允许偏差

项目	零件宽度、长度	边缘缺棱	型钢端部垂直度
允许偏差	±3.0	1.0	2.0

4.2.4　气割号料

1. 气割准备

（1）场地准备　首先检查工作场地是否符合安全要求，然后将工件垫平。工件下面应留有一定的空隙，以利于氧化铁渣的吹出。工件下面的空间不能密封，否则会在气割时引起爆炸。工件表面的油污和铁锈要加以清除。

（2）检查切割氧气流线（风线）方法　点燃割炬，并将预热火焰适当调整，然后打开切割氧阀门，观察切割氧流线的形状。切割氧流线应为笔直而清晰的圆柱体，并有适当的长度，这样才能使工件切口表面光滑干净，宽窄一致。如果风线形状不规则，应关闭所有的阀门，用透针或其他工具修整割嘴的内表面，使之光滑。

2. 手工气割操作

气割时，应该选择正确的工艺参数（如割嘴型号、氧气压力、气割速度和预热火焰的能率等），工艺参数主要是根据气割机械的类型和可切割的钢板厚度选择。工艺参数对气割的质量影响很大。

1）气割操作时，首先点燃割炬，随即调整火焰。火焰的大小应根据工件的厚薄调整适当，然后进行切割。

2）开始切割时，若预热钢板的边缘略呈红色时，将火焰局部移出边缘线以外，同时慢慢打开切割氧气阀门。如果预热的红点在氧流中被吹掉，此时应开大切割氧气阀门。当有氧化铁渣随氧流一起飞出时，证明已割透，这时即可进行正常切割。

3）若遇到切割必须从钢板中间开始，要在钢板上先割出孔，再按切割线进行切割。割孔时，首先预热要割孔的地方，然后将割嘴提起距钢板约 15mm，再慢慢开启切割氧阀门，并将割嘴稍侧倾并旁移，使溶渣吹出，直至将钢板割穿，再沿切割线切割。

4）在切割过程中，有时因嘴头过热或氧化铁渣的飞溅，使割炬嘴头堵住或乙炔供应不及时，嘴头产生鸣爆并发生回火现象，这时应迅速关闭预热氧气。切割炬仍然发出"嘶、嘶"声，说明割炬内回火尚未熄灭，这时应再迅速将乙炔阀门关闭或者迅速拔下割炬上的乙炔气管，使回火的火焰气体排出。处理完毕，应先检查割炬的射吸能力，然后方可重新点燃割炬。

5）切割临近终点时，嘴头应略向切割前进的反方向倾斜，以利于钢板的下部提前割透，使收尾时割缝整齐。当到达终点时，应迅速关闭切割氧气阀门，并将割炬抬起，再关闭乙炔阀门，最后关闭预热氧阀门。

4.3　钢构件的矫正与成形

4.3.1　矫正操作与技巧

在钢结构制作过程中，由于原材料变形、切割变形、焊接变形、运输变形等经常影响构件的制作及安装。矫正就是造成新的变形去抵消已经发生的变形。矫正可采用机械矫正、加热矫正、加热与机械联合矫正等方法。

1. 弯曲点确定

型钢在矫直前，先要确定弯曲点的位置（又称找弯），这是矫正工作不可缺少的步骤。在现场确定型钢变形位置时常用平尺测量，拉直粉线来检验，但多数是用目测，如图 4-13 所示。确定型钢的弯曲点时，应注意型钢自重下沉而产生的弯曲，影响准确查看弯曲度。因此对较长型的型钢测弯要放在水平面上或放在矫架上测量。

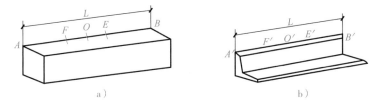

图 4-13 型钢目测弯曲点

a) 扁钢或方钢 b) 角钢

2. 机械矫正

型钢的机械矫正是在型钢矫直机上进行的,如图 4-14 所示。型钢矫直机的工作力有侧向水平推力和垂直向下压力两种。两种型钢矫直机的工作部分是由两个支承和一个推撑构成的。推撑可做伸缩运动,伸缩距离可根据需要进行控制,两个支承固定在机座上,可按型钢弯曲程度来调整两支承点之间的距离,一般较大弯距距离则大,较小弯距距离则小。在矫直机的支承、推撑之间的下平面至两端,一般安设数个带轴承的转动轴或滚筒支架设施,便于矫正较长的型钢时,来回移动省力。

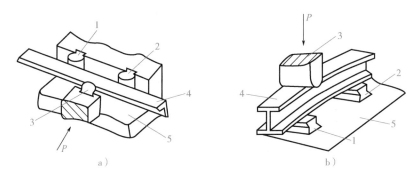

图 4-14 型钢的机械矫正

a) 撑直机矫直角钢 b) 撑直机(或压力机)矫直工字钢

P—作用力 1、2—支承 3—推撑 4—型钢 5—平台

3. 加热矫正

(1) 火焰加热矫正 用氧-乙炔焰或其他气体的火焰对部件或构件变形部位进行局部加热,利用金属热胀冷缩的物理性能,钢材受热冷却时产生很大的冷缩应力来矫正变形。

　　火焰加热矫正变形一般只适用于低碳钢、Q345；对于中碳钢、高合金钢、铸铁和有色金属等脆性较大的材料，由于冷却收缩变形会产生裂纹，不得采用。

　　1）加热方式。火焰加热矫正有点状加热、线状加热和三角形加热三种，见表4-7。

表 4-7　加热方式

序号	加热方式	适用范围	内容说明
1	点状加热	适于矫正板料局部弯曲或凹凸不平	点状加热的加热点呈小圆形，直径一般为 10～30mm，点距为 50～100mm，呈梅花状布局，加热后"点"的周围向中心收缩，使变形得到矫正
2	线状加热	多用于较厚板（10mm 以上）的角变形和局部圆弧、弯曲变形的矫正	线状加热即带状加热，加热带的宽度不大于工件厚度的 0.5～2.0 倍。由于加热后上下两面存在较大的温差，加热带长度方向产生的收缩量较小，横向收缩量较大，因而产生不同收缩使钢板变直，但加热红色区的厚度不应超过钢板厚度的一半，常用于 H 型钢构件翼板角变形的纠正
3	三角形加热	适于型钢、钢板及构件（如屋架、吊车梁等成品）纵向弯曲及局部弯曲变形的矫正	加热面呈等腰三角形。加热面的高度与底边宽度一般控制在型材高度的 1/5～2/3 范围内，加热面应在工件变形凸出的一侧（三角顶在内侧，底在工件外侧边缘处）。一般对工件凸起处加热数处，加热后收缩量从三角形顶点起沿等腰边逐渐增大，冷却后凸起部分收缩使工件得到矫正，常用于 H 型钢构件的拱变形和旁弯的矫正

　　2）加热控制。火焰加热矫正时应将工件垫平，分析变形原因，正确选择加热点、加热温度和加热面积等，同一加热点的加热次数不宜超过 3 次。

　　火焰加热温度应符合规定，加热应均匀，不得有过热、过烧现象。火焰矫正厚度较大的钢材时，加热后不得用凉水冷却。对低合金钢必须缓慢冷却，因冷水使钢材表面与内部温差过大，易产生裂纹。

　　实践中凭钢材的颜色来判断加热温度的高低，加热过程中，钢材的颜色变化所表示的温度见表4-8。

表 4-8　钢材表面颜色及其相应温度

颜色	温度/℃
深褐红色	500～580
褐红色	580～650
暗樱红色	650～730

（续）

颜色	温度/℃
深樱红色	730～770
樱红色	770～800
淡樱红色	800～830
亮樱红色	830～900
橘红色	900～1050
暗黄色	1050～1150
亮黄色	1150～1250
白黄色	1250～1300

（2）高频热点矫正　高频热点矫正是在火焰矫正的基础上发展起来的一种新工艺，采用高频热点校正可以矫正任何钢材的变形，尤其适用于一些尺寸较大、形状复杂的工件矫正。

高频热点矫正法的原理与火焰矫正法大致相同，不同的是热源不用火焰而是采用高频感应加热。当用交流电通入高频感应圈后，感应圈随即产生交变磁场。当感应圈靠近钢材时，由于交变磁场的作用，使钢材内部产生感应电流，由于钢材电阻的热效应而发热，使温度立即升高，从而进行加热矫正。因此，用高频热点矫正时，加热位置的选择也与火焰矫正相同。

4. 加热与机械联合矫正

加热与机械联合矫正法是将零部件或构件两端垫以支承件，用压力压（或顶）其凸出变形部位，使其矫正。常用机械有撑直机、压力机等。或用小型千斤顶或加横梁配合热烤，对构件成品进行顶压矫正。对小型钢材弯曲可用弯轨器，将两个弯钩钩住钢材，用转动丝杆顶压凸弯部位矫正。较大的工件可采用螺旋千斤顶代替螺纹杆顶正。对成批型材可采取在现场制作支架，以千斤顶作动力进行矫正。

加热与机械联合矫正适用于型材、钢构件、工字梁、吊车梁、构架或结构件进行局部或整体变形矫正。但是，普通碳素钢温度低于 -16℃时，低合金结构钢温度低于 -12℃时，不宜采用本法矫正，以免产生裂纹。

4.3.2　成型操作与技巧

在钢结构制作中，成型的加工主要有卷板（滚圆）、弯曲、边缘加工和折边等几种加工方法。其中弯曲、卷板和模具压制等工序都涉及热加工或冷加工。

1. 弯曲加工

（1）弯曲工艺要求　钢构件弯曲的工艺要求见表4-9。

表4-9　钢构件弯曲的工艺要求

序号	项目	工艺要求
1	最小弯曲半径	弯曲件的圆角半径不宜过大，也不宜过小。过大时因回弹影响，使构件精度不易保证，过小则容易产生裂纹。根据实践经验，在经退火或不经退火时较合理的推荐数值
2	弯曲线和材料纤维的关系	当弯曲线和材料纤维方向垂直时，材料具有较大的抗拉强度，不易发生裂纹；当弯曲线和材料纤维方向平行时，材料的抗拉强度较差，容易发生裂纹，甚至断裂。在双向弯曲时，弯曲线应与材料纤维方向成一定的夹角
3	材料厚度	一般薄板材料弯曲半径可取较小数值，弯曲半径≥t（t为板厚）。厚板材料弯曲半径应取较大数值，弯曲半径=$2t$（t为板厚） 弯曲角度是指弯曲件的两翼夹角，它和弯曲半径不同，但也会影响构件材料的抗拉强度。随着弯曲角度的缩小，应适当增大弯曲半径。一般弯曲件长度自由公差的极限偏差和角度的自由公差推荐数值
4	曲率半径与最大弯曲矢高	在冷矫正和冷弯曲时，曲率半径和最大弯曲矢高应符合规定

（2）弯曲变形的回弹　弯曲过程是在材料弹性变形后，再达到塑性变形的过程。在塑性变形时，外层受拉伸，内层受压缩，拉伸和压缩使材料内部产生应力。从而导致材料在变形过程中存在一定的弹性变形，在失去外力作用时，材料就产生一定程度的回弹。

影响回弹大小的因素很多，必须在理论计算下结合实验，采取相应的措施。掌握回弹规律，减少或基本消除回弹，或使回弹后恰能达到设计要求，具体因素主要有：

1）材料的机械性能：屈服强度越高，其回弹就越大。

2）变形程度：弯曲半径（R）和材料厚度（t）之比，R/t数值越大，回弹越大。

3）摩擦情况：材料表面和模具表面之间摩擦，直接影响坯料各部分的应力状态，大多数情况下会增大弯曲变形区的拉应力，使回弹减小。

4）变形区域：变形区域越大，回弹越大。

2. 卷板加工

卷板就是滚圆钢板，也称滚圆。实际上也就是在外力的作用下，使钢板的外层纤维伸长、内层纤维缩短而产生弯曲变形（中层纤维不变）。当圆筒半径较大时，可在常温状态下卷圆；如半径较小或钢板较厚时，应将钢板加热后卷圆。

（1）剩余直边的确定　板料是在卷板机上进行滚圆的，常用的卷板机有三辊卷板机和四辊卷板机两类，其中三辊卷板机又可分为对称式和不对称式两种。板料在卷板机上弯曲时，两端边缘总有剩余直边。理论剩余直边数值与卷板机的类型有关。

（2）卷板施工　滚圆是在卷板机（又称滚板机、轧圆机）上进行的，它主要用于卷圆各种容器、大直径焊接管道和高炉壁板等。卷板是在卷板机上进行连续三点滚弯的，利用卷板机可将板料弯成单曲率或双曲率的制件。根据卷制时板料温度的不同，分为冷卷、热卷与温卷三种，可根据板料的厚度和设备条件等来选定。

卷板的操作要点见表4-10。

表4-10　卷板操作要点

序号	项目		具体操作
1	预弯		由于实践中在矫圆时难以完全消除剩余直边造成较大的焊接应力和设备负荷，容易发生质量和设备事故，所以一般应对板料进行预弯，使剩余直边弯曲到所需的曲率半径后再卷板。预弯可在三辊、四混或预弯水压机上进行
2	对中		将预弯的板料置于卷板机上滚弯时，为防止产生歪扭，应将板料对中，使板料的纵向中心线与辊筒轴线保持严格的平行
3	圆柱面的卷弯	冷卷	由于钢板的回弹，卷圆时必须施加一定的过卷量，在达到所需的过卷量后，还应来回多卷几次。对于高强度钢材，由于其回弹较大，最好在最终卷弯前进行退火处理。卷弯过程中，应不断地用样板检验弯板两端的曲率半径。冷卷时必须控制变形量
		热卷	一般情况下，当碳素钢板的厚度大于或等于内径的1/40时，应进行热卷
		温卷	为了克服冷、热卷板的不足，吸取冷、热卷板的优点，工程实践中出现了温卷的新工艺。温卷将钢板加热至500～600℃，它比冷卷时有更好的塑性，同时降低卷板机超载的可能性，又减轻氧化皮的危害，操作比热卷方便
4	矫圆		圆筒卷弯焊接后会发生变形，所以必须进行矫圆。矫圆分加载、滚圆和卸载三个步骤。先根据经验计算，将辊筒调节到所需要的最大矫正曲率的位置，使板料受压。板料在辊筒的矫正曲率下，来回滚卷1～2圈，要着重滚卷近焊缝区，使整圈曲率均匀一致，然后在滚卷的同时，逐渐退回辊筒，使工件在逐渐减小矫正荷载下多次滚卷

4.4　边缘加工

4.4.1　一般规定

1. 概述

1）在桥梁钢结构制造中，经过剪切或气割过的钢板边缘会硬化和变态。所以，桥梁的主要结构件需在下料后的边缘刨去 2～4mm，以保证质量。此外，为了保证焊缝质量和工艺性焊透以及装配的准确性，前者要将钢板边缘加工坡口，后者要将边缘刨直或铣平。

2）一般需要做边缘加工的部位：①翼缘板、磨光顶紧面等具有工艺性要求的加工面；②设计图纸中有技术要求的焊接坡口；③尺寸精度要求严格的加劲板、隔板、腹板及有孔眼的节点板等；④因不同厚度的钢板（厚度差一般大于 2mm）对接，对厚板对接端面需作铣斜面处理以满足板厚变化匀顺过渡的要求。

3）常用的边缘加工主要方法有刨边、铣边与铣斜面、碳弧气刨边和精密切割坡口等四种。工作量不大的边缘加工可以采用铲边。

2. 铲边

1）对加工质量要求不高，并且工作量不大的边缘加工，可以采用铲边（现在工厂已较少采用）。铲边有手工和机械铲边两种。手工铲边的工具有手锤和手铲等；机械铲边的工具有风动铲锤和铲头等。

2）风动铲锤是用压缩空气作动力的一种风动工具。

3）一般手工铲边和机械铲边的零件，其铲线尺寸与施工图纸尺寸要求不得相差 1mm。铲边后的棱角垂直误差不得超过弦长的 1/3000，且不得大于 2mm。

4）铲边注意事项：①空气压缩机开动前，应放出储风罐内的油、水等混合物；②铲前应检查空气压缩机设备上的螺栓、阀门完整情况，风管是否破裂、漏风等；③铲边的对面不许有人和障碍物。高空铲边时，操作者应系好安全带，身体重心不要全部倾向铲力，以防失去平衡，发生坠落事故；④铲边时，为使铲头不致退火，铲头要注机油或冷却液；⑤铲边结束应卸掉铲锤、妥善保管，冬季工作后铲锤风带应盘好放于室内，以防带内存水冻结。

3. 刨边

1）刨边主要是用刨边机进行。刨边的零件加工有直边和斜边两种，刨边加工的余量随钢材的厚度、钢板的切割方法而不同，一般刨边加工余量为2~4mm。

2）刨边机的结构如图4-15所示，它是由立柱、液压夹紧装置、横梁、刀架、走刀箱等主要部分组成。其操作方法是将切削的板材固定在作业架台上，然后用安装在可以左右移动的刀架上的刨刀来切削板材的边缘。刀架上可以同时固定两把刨刀，以同方向进刀切削，或一把刨刀在前进时切削，另一把刨刀则在反方向行程时切削。

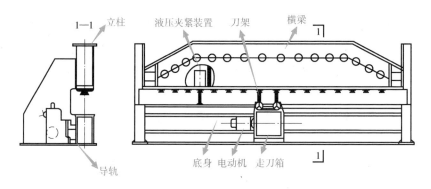

图4-15　刨边机的结构示意图

3）刨边机的刨削长度一般为3~15m。当构件长度大于刨削长度时，可用移动构件的方法进行刨边；构件较小时，则可采用多件同时刨边。对于侧弯曲较大的条形零件，先要校直，气割加工的构件边缘必须把残渣除净，以便减少切削量和延长刀具寿命。对于条形零件刨边加工后，松开夹紧装置可能会出现弯曲变形，需矫直或在以后的拼接或组装中利用夹具进行处理。

4. 铣边与铣斜面（含端面加工）

对于有些零件的端部或边缘，可采用铣边（端面加工）的方法以代替刨边。铣边是为了保持构件的精度，如箱形杆件横隔板四边、内嵌盖板两长边、腹板与盖（底）板拼接长边，有磨光顶紧传力要求的结构部位，能使其力由承压面直接传至底板支座，以减小连接焊缝的焊脚尺寸。这种铣削加工，一般是在铣边机或端面铣床上进行的。

1）铣边机的结构与刨边机相似，但加工时用盘形铣刀代替刨边机走刀箱上的刀架和刨刀，其生产效率较高。双面铣边机工作状态如图4-16所示。双面铣边机主要包括两个动力头带盘形铣刀（刀盘面与工作台面垂直）、动力头滑台轨道、工作台面和压紧装置等。

铣边工艺主要包括工件划线、工件就位、对线精调、压紧、粗铣、精铣等工作步骤，当工件为板件时，可以叠加并施点固焊后铣边，但需注意以下两点：①单板切割下料后需做直线度检测调校，控制旁弯变形；②板件叠加厚度一般不超过 200mm，以保证铣边精度。

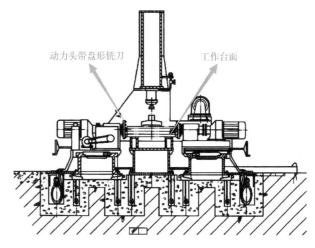

图 4-16　双面铣边机示意图

2）端面铣床是一种横式铣床，加工时用盘形铣刀，在高速旋转时，可以上下左右移动对构件进行铣削加工；对于大面积的部位也能高效率地进行铣削。

3）铣斜面机，在铣边机的滑台上安装斜面铣动力头即可实现铣斜面功能，斜面铣动力头与铣边机一样采用盘形铣刀，只是铣刀盘面与水平面（工件平面）呈非 90°且较小的锐角，该角度可根据加工斜面角度（比例）而做调整，在桥梁钢结构制造中应用较为广泛的角度（比例）

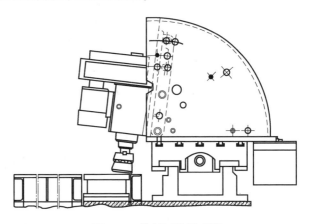

图 4-17　铣斜面机示意图

为 1:10、1:8、1:5 等，斜面铣工作状态如图 4-17 所示。铣斜面加工也可采用专门的斜面铣机床进行，其原理同铣边机上安装斜面铣动力头，只是功能单一而已。

5. 坡口机

坡口机有手提式、自动行进式和台式坡口机等。桥梁钢结构制造中常用台式坡口机，特别是用作 U 肋压制板处于条状时，加工两侧边的坡口效率高、坡口成型好。选用不同的刀盘及刀盘与钢板的夹角可加工不同的坡口，调整刀盘与钢板的距离可适应不同的板厚。

6. 碳弧气刨

（1）碳弧气刨原理 碳弧气刨就是把碳棒作为电极，与被刨削的金属间产生电弧，此电弧具有 6000℃ 左右高温，把金属加热到熔化状态，然后用压缩空气的气流把熔化的金属吹掉，达到刨削或切削金属的目的，如图 4-18 所示。图中碳棒为电极，刨钳夹住碳棒，通电时，刨钳接正极，工件接负极，在碳棒与工件接近处产生电弧并熔化金属，高压空气的气流随即把熔化金属吹

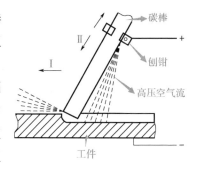

图 4-18　碳弧气刨示意图

走，完成刨削。图中箭头 I 表示刨削方向，箭头 II 表示碳棒进给方向。

（2）碳弧气刨的应用范围 用碳弧气刨挑焊根，生产率高，噪声小，并能减轻劳动强度，特别适用于仰位和立位的刨切；采用碳弧气刨翻修有焊接缺陷的焊缝时，容易发现焊缝中各种细小的缺陷；碳弧气刨还可以用来开坡口。但碳弧气刨在刨削过程中会产生一些烟雾，如施工现场通风条件差，对操作者的健康有影响。所以，施工现场必须具备良好的通风条件和措施。

（3）碳弧气刨的电源设备、工具及碳棒

1）碳弧气刨的电源设备：碳弧气刨采用直流电源，一般选用功率较大的直流电焊机。

2）碳弧气刨的工具：碳弧气刨枪，如图 4-19 所示。碳弧气刨枪要求导电性良好、吹出的压缩空气集中且准确、碳棒夹牢固且更换方便、外壳绝缘良好、自重轻、操作方便等。

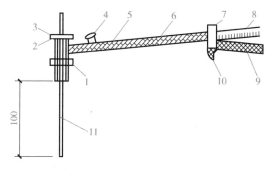

图 4-19　碳弧气刨枪

1—枪头　2—围钳　3—紧固螺母　4—空气阀　5—空气导管　6—绝缘手把

7—导柄套　8—空气软管　9—导线　10—螺栓　11—碳棒

3）碳棒：对碳棒的要求是耐高温、导电性良好、不易断裂、断面组织细致、成本低、灰粉少等。一般采用镀铜实心碳棒，镀铜的目的是提高碳棒的导电性和防止碳棒表面的氧化。碳棒断面表状分为圆形和矩形两种。矩形碳棒刨槽较宽，适用于大面积的刨槽或刨平面。

（4）碳弧气刨的操作和安全技术

1）操作技术。采用碳弧气刨时，要检查电源极性，根据碳棒直径调节好电流，同时调整好碳棒伸出的长度。起刨时，应先送风，随后引弧，以免产生夹碳。在垂直位置刨削时，应由上而下移动，以便于流渣流出。当电弧引燃后，开始刨削时速度稍慢一点，当钢板熔化熔渣被压缩空气吹走时，可适当加快刨削速度。刨削中，碳棒不能横向摆动和前后移动，碳棒中心应与刨槽中心重合，并沿刨槽的方向做直线运动。在刨削时，要握稳手把，眼睛看好准线，将碳棒对正刨槽，碳棒与构件倾角大小基本保持不变。用碳弧气刨过程中有被烧损现象需调整时，不要停止送风，以使碳棒能得到很好的冷却。刨削结束后，应先断弧，过几秒钟后再关闭风门，使碳棒冷却。

2）安全技术。操作时，应尽可能顺风向操作，防止铁水及熔渣烧坏工作服及烫伤皮肤，并应注意场地防火。在容器或舱室内部操作时，操作部位不能过于狭小，同时要加强抽风及排除烟尘措施。

碳弧气刨时使用的电源较大，应注意防止因焊机过载和长时间连续使用出现发热超标而损坏机器。

7. 精密切割坡口

1）焊接坡口除用机械加工的方法外，还可采用精密切割的方法加工，常见的精密切割坡口的方法为半自动气割。半自动切割机导轨能够保证坡口焰切过程中的直线度，半自动切割机割嘴能够按照坡口加工角度而做自由调整（一般不能超过55°），且半自动切割机自重小，搬运灵活，从而使该方法在桥梁钢结构坡口加工中的应用越来越广泛。

2）采用自动精密切割机下料时，若把割嘴调整到所需要的角度，在下料切割的同时开制坡口在实际操作中也有所应用。在实际操作中，也常采用自动精密切割机切割下料，同时采用半自动气割机切割端头坡口，即两种切割方法结合应用。

3）半自动气割坡口加工通常有正切和反切两种方法。正切方法有利于观察坡口面气割质量，但不利于保证钝边尺寸；反切方法不利于观察坡口面质量，但有利于保证钝边尺寸。在实际操作中，多采用反切方法。

4）精密切割坡口虽提高了加工效率，但质量控制难度较大，受人为因素的影响较大，易出现锯齿、放炮等现象。因此应遵守持证上岗、定人定岗制度，严格控制设备工况良好和切割工艺参数，及时处理好切割缺陷。精密切割坡口只能开制 V 形坡口，无法开制 U 形坡口。精密切割工艺参数同前。

8. 加工注意事项及质量要求

1）零件刨（铣）加工深度不小于 3mm，加工面的表面粗糙度 $R_a \leqslant 25\mu m$；顶紧传力面的表面粗糙度 $R_a \leqslant 12.5\mu m$，顶紧加工面与板面垂直度偏差应小于 $0.01t$（t 为板厚）且不大于 0.3mm。

2）对于顶紧传力的零件，其顶紧端的允许偏差宜采用 0.3 ~ 0.5mm。

3）机械加工边缘时零件应紧固，不得有松动，切削量不得一次到位，尺寸加工快到位时切削量要小，以保证加工精度。

4）加工时应避免油污污染钢料，加工后磨去边缘的飞刺、挂渣，使端面光滑匀顺。

5）工形和箱形杆件的腹板宽度，应考虑翼板板厚公差后按工艺规定进行逐件配制。

6）箱形杆件内隔板边垂直度偏差不大于 0.5mm，隔板尺寸大于 1m 时，垂直度偏差不大于 1mm。

9. 加工部位

钢结构制造中，常需要做边缘加工的部位主要包括以下几方面：

1）吊车梁翼缘板、支座支承面等具有工艺性要求的加工面。

2）设计图样中有技术要求的焊接坡口。

3）尺寸精度要求严格的加劲板、隔板、腹板及有孔眼的节点板等。

10. 边缘加工的一般规定

通常采用刨和铣对切割的零件边缘加工，以便提高零件尺寸精度，消除切割边缘的有害影响，加工焊接坡口，提高截面光洁度，保证截面能良好传递较大压力。边缘加工应符合以下要求：

1）气割的零件，当需要消除影响区进行边缘加工时，最少加工余量为 2.0mm。

2）机械加工边缘的深度，应能保证把表面的缺陷消除掉，但不能小于 2.0mm，加工后表面不应有损伤和裂缝，在进行砂轮加工时，磨削的痕迹应当顺着边缘。

3）碳素结构钢的零件边缘，在手工切割后，其表面应做清理，不能有超过

1.0mm 的不平度。

4）构件的端部支承边要求刨平顶紧和构件端部截面精度要求较高的，无论用什么方法切割和用何种钢材制成的，都要刨边或铣边。

5）施工图有特殊要求或规定为焊接的边线要进行刨边，一般板材或型钢的剪切边也无须刨光。

6）刨削时直接在工作台上用螺栓和压板装夹工件时，通用工艺规则如下：①多件画线毛坯同时加工时，装夹中心必须按工件的加工线找正到同一平面上，以保证各工件加工尺寸的一致；②在龙门刨床上加工重而窄的工件，需偏于一侧加工时，应尽量两件同时加工或在另一侧加配重，以使机床的两边导轨负荷平衡；③在刨床工作台上装夹较高的工件时，应加辅助支承，以使装夹牢靠和防止加工中工件变形；④必须合理装夹工序，以工件迎着走刀方向和送给方向的两个侧边紧靠定位装置，而另两个侧边应留有适当间隙。

7）关于铣刀和铣削量的选择，应根据工件材料和加工要求决定，合理的选择是加工质量的保证。

8）折边施工要求。

①钢板进行冷弯加工时，最低室温一般不得低于0℃，16Mn钢材不得低于59℃，各种低合金钢和合金钢根据其性能酌情而定。构件如采用热弯，须加热至1000～1100℃，低合金钢加热温度为700～800℃。当热弯工件温度下降至550℃时，应停止工作。

②折弯时，要经常检查模具的固定螺栓是否松动，以防止模具移位。如发现移位，应立即停止工作，及时调整固定。

③折弯时，应避免一次大力加压成形，而应逐次渐增度数，最后用样板检查，千万不能折边角度过大，造成往复反折，损伤构件。折弯过程中，应注意经常用样板校对构件进行检验。

④在弯制多角的复杂构件时，事先要考虑好折弯的顺序。折弯的顺序一般是由外向内依次弯曲，如果折弯顺序不合理，将会造成后面的弯角无法折弯。在弯制大批量构件时，需加强首件结构件的质量控制。

4.4.2 质量检验

（1）主控项目 检验钢结构零部件边缘加工主控项目检验见表4-11。

表 4-11　边缘加工主控项目检验

项目	合格质量标准	检验方法	检查数量
边缘加工	为消除切割对主体钢材造成的冷作硬化和热影响的不利影响，使加工边缘加工达到设计规范中关于加工边缘应力取值和压杆曲线的有关要求，规定边缘加工的最小刨削量应不小于 2.0mm	检查制作工艺报告和施工记录	全数检查

（2）一般项目　检验钢结构零部件边缘加工一般项目检验见表 4-12。

表 4-12　边缘加工一般项目检验

项目	合格质量标准	检验方法	检查数量
边缘加工精度	边缘加工允许偏差应符合表 4-13 的规定	观察检查和实测检查	按加工数抽查 10%，且不应少于 3 件

表 4-13　边缘加工允许偏差

项目	允许偏差
零件宽度、长度	±1
边缘加工直线度	$l/3000$，且应不大于 2.0
相邻两边夹角	±6′
加工面垂直度	$0.025t$，且应不大于 0.5
加工面表面粗糙度	

4.5　钢构件的制孔加工操作

在钢结构工程中，由于螺栓和铆钉的使用，特别是高强度螺栓的广泛采用，不仅使制孔的数量有所增加，而且对加工精度也提出了更高的要求。钢结构制作中，常用的加工方法主要有钻孔、冲孔、扩孔、铰孔等，施工时也可根据不同的技术要求合理选用。

4.5.1　钻孔加工

1. 钻孔的方式

（1）风钻钻孔　用风钻钻孔时，将链条下端的钩子钩在工件上，链条上端套在压杠端部的螺栓钩子上，并由三人操作，其中一人除了握住手柄外，还要控制开关，一人握住手柄，另一人把住压杠下压进钻，如图 4-20 所示。

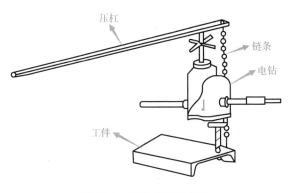

图 4-20　风钻钻孔示意图

（2）机床钻孔　通常零件上的孔眼可用普通立式钻床钻孔。通常采用的立式钻床由变速机、钻杆、主轴、手动进钻轮和卡盘等组成。钻孔前应先装上钻头并将工件固定在卡盘上，然后按下电钮使钻床运转，并根据孔的大小调整好钻杆的转速，孔小转速要快，孔大转速则要慢。调好转速后，即可将钻头对正孔的中心，扳动进钻把钻孔。

（3）电钻钻孔　重大构件上的孔眼还可用电钻钻孔。钻孔的方法与风钻钻孔的方法基本相同，工作时接通电源即可进行钻孔。

2. 钻孔加工技巧

钻孔加工的方法有画线钻孔和钻模钻孔两种，这两种钻孔方法的施工操作技巧见表 4-14。

表 4-14　常用的钻孔加工方法

序号	钻孔方法	施工操作技巧
1	画线钻孔	钻孔前先在构件上画出孔的中心和直径，在孔的圆周上（90°位置）打四只冲眼，可作钻孔后检查用。孔中心的冲眼应大而深，在钻孔时作为钻头定心用。画线工具一般用画针和钢直尺 为提高钻孔效率，可将数块钢板重叠起来一齐钻孔，但一般重叠板厚度不应超过 50mm，重叠板边必须用夹具夹紧或定位焊固定。厚板和重叠板钻孔时要检查平台的水平度，以防孔的中心倾斜
2	钻模钻孔	当批量大、孔距精度要求较高时，应采用钻模钻孔。钻模有通用型、组合式和专用钻模。通用型钻模可在当地模具出租站订租；组合式和专用钻模则由本单位设计制造 对无镗孔能力的单位，可先在钻模板上钻较大的孔眼，由钳工对钻套进行校对，符合公差要求后，拧紧螺钉，然后将模板大孔与钻套外圆间的间隙灌铅固定

4.5.2　冲孔加工

冲孔是在冲孔机（冲床）上进行的，通常只能在较薄的钢板或型钢上冲孔。孔径通常不应小于钢材的厚度，多用于不重要的节点板、垫板、加强板、角钢拉撑等小件的孔加工，其制孔效率较高。但由于孔的周围产生冷作硬化，孔壁质量差，孔口下塌，故而在钢结构制作中已较少直接采用。

1. 冲孔施工要点

1）冲孔的直径应大于板厚，否则易损坏冲头。冲孔下模上平面的孔应比上模的冲头直径大 0.8 ~ 1.5mm。

2）构件冲孔时，应装好冲模，检查冲模之间间隙是否均匀一致，并用与构件相同的材料试冲，经检查质量符合要求后，再正式冲孔。

3）大批量冲孔时，应按批抽查孔的尺寸及孔的中心距，以便及时发现问题，及时纠正。

4）当环境温度低于 -20℃ 时，应禁止冲孔。

2. 冲孔尺寸及范围

1）冲孔时，冲孔尺寸为：①凸模外径为：[孔公称直径 + (0.4 ~ 0.8)孔径公差] - 凸模制造公差。②凹模内径为：(凸模外径 + 2 × 合理间隙) + 凹模制造公差。

2）落料时，冲孔尺寸为：①凹槽内径为：[孔公称外径 - (0.4 ~ 0.8)外径公差] + 凹模制造公差。②凸模外径为：(凹槽内径 - 2 × 合理间隙) - 凸模制造公差。

3）冲孔范围：孔径必须大于板厚。批量小时，长孔可用两端钻孔中间氧割的办法加工，然而，孔的长度必须大于 2d，如图 4-21 所示。

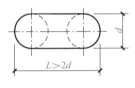

图 4-21　冲孔

4.5.3　铰孔加工

铰孔是用铰刀对已经粗加工的孔进行精加工，可提高孔的光洁度和精度。

铰孔时必须选择好铰削用量和冷却润滑液。铰削用量包括铰孔余量、切削速度（机铰时）和进给量，这些对铰孔的精度和光洁度都有很大影响。

1. 铰孔余量

铰孔余量要恰当，太小则对上道工序所留下的刀痕和变形难以纠正和除掉，质量达不到要求；太大将增大铰孔次数和增加吃刀深度，会损坏刀齿。

2. 切削速度与进给量

要选择适当的切削速度和进给量。通常，当加工材料为铸铁时，使用普通铰刀铰孔，其切削速度不应超过 10m/min，进给量在 0.8mm/r 左右；当加工材料为钢料时，切削速度不应超过 8m/min，进给量在 0.4mm/r 左右。

3. 铰孔操作技巧

1）铰孔时，工件要夹正，铰刀的中心线必须与孔的中心保持一致。

2）手铰时用力要均匀，转速为 20~30r/min，进刀量大小要适当，并且要均匀，可将铰削余量分为二三次铰完，铰削过程中要加适当的冷却润滑液，铰孔退刀时仍然要顺转。

3）铰刀用后要擦干净，涂上机油，刀刃勿与硬物磕碰。

4.5.4　扩孔加工

扩孔是用麻花钻或扩孔钻将工件上原有的孔进行全部或局部扩大，主要用于构件的拼装和安装，如叠层连接板孔，常先把零件孔钻成比设计小 3mm 的孔，待整体组装后再行扩孔，以保证孔眼一致、孔壁光滑，或用于钻直径 30mm 以上的孔，先钻成小孔，后扩成大孔，以减小钻端阻力，提高工效。

用麻花钻扩孔时，由于钻头进刀阻力很小，极易切入金属，引起进刀量自动增大，从而导致孔面粗糙并产生波纹。所以用时须将其后角修小，由于切削刃外缘吃刀，避免了横刃引起的不良影响，从而切屑少且易排除，可提高孔的表面光洁度。

使用扩孔钻是扩孔的理想刀具。扩孔钻具有切屑少的特点，容屑槽做得比较小而浅，增多刀齿（3~4 齿），加粗钻心，从而提高扩孔钻的刚度。这样扩孔时导向性好，切削平稳，可增大切削用量并改善加工质量。扩孔钻的切削速度可为钻孔的 0.5 倍，进给量约为钻孔的 1.5~2 倍。扩孔前，可先用 0.9 倍孔径的钻头钻孔，再用等于孔径的打孔钻头进行打孔。

4.6　螺栓球和焊接空心球加工

4.6.1　螺栓球加工

螺栓球节点主要是由钢球、高强度螺栓、锥头或封板、套筒、螺钉和钢管等零件组成，如图 4-22 所示。

1. 螺栓球加工要求

（1）球材加热　球材加热须符合下列规定：①焊接球材加热到 600~900℃ 的适当温度；②加热后的钢材放到半圆胎架内，逐步压制成半圆形球。压制过程中，

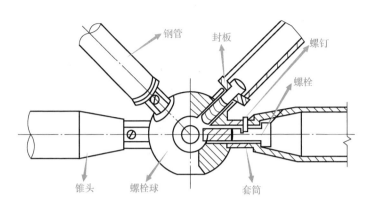

图 4-22　螺栓球节点

应尽量减小压薄区与压薄量，采取措施是加热均匀。压制时氧化皮应及时清理，半圆球在胎位内能变换位置。钢板压成半圆球后，表面不应有裂纹、褶皱；③半圆球出胎冷却后，对半圆球用样板修正弧度，然后切割半圆球的平面，注意按半径切割，但应留出拼圆余量；④半圆球修正、切割以后应该打坡口，坡口角度与形式应符合设计要求。

（2）球加肋　加肋半圆球与空心焊接球受力情况不同，故对钢网架重要节点通常均安排加肋焊接球，加肋形式有多种，有加单肋的，还有垂直双肋球等，因此，圆球拼装前，还应加肋、焊接。然而，加肋高度不应超出圆周半径，以免影响拼装。

（3）球拼装　球拼装时，应有胎位，以保证拼装质量，球的拼装应保持球的拼装直径尺寸、球的圆度一致。

（4）球焊接　拼好的球放在焊接胎架上，两边各打一小孔固定圆球，并能随着机床慢慢旋转，旋转一圈，调整焊道，调整焊丝高度，调整各项焊接参数，然后用半自动埋弧焊机（也可以用气体保护焊机）对圆球进行多层多道焊接，直至焊道焊平为止，不要余高。

（5）焊缝检查　焊缝外观检查合格后应在 24h 之后对钢球焊缝进行超声波探伤检查。

2. 锥头、封板和套筒加工

（1）锥头、封板加工　锥头、封板是钢管端部的连接件，其材料应与钢管材料一致。锥头、封板的加工可在车床上进行，锥头也可用模锻成型。

加工时，焊接处坡口角度宜取 30°。内孔可比螺栓直径大 0.5mm，封板中心孔同轴度极限偏差为 0.2mm，如图 4-23 所示为封板厚度和锥头底板厚度 h 极限偏差为 $-0.2 \sim 0.5$mm。锥头、封板与钢管杆件配合间隙为 2.0mm，以保证底层全部熔透。

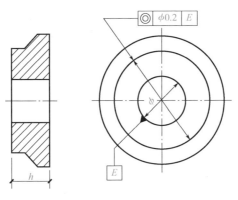

图 4-23　封板

（2）套筒加工　套筒可采用 Q235 号钢、20 号钢或 45 号钢加工而成，其外形尺寸应符合开口尺寸系列的要求。经模锻后，毛坯长度为 + 3.0mm，六角对边为 $S \pm 1.5$mm，六角对角 $D \pm 2.0$mm。加工后，套筒长度极限偏差为 ± 0.2mm，两端面的平行度为 0.3mm，套筒内孔中心至侧面距离 s 的极限偏差为 ± 0.5mm，套筒两端平面与套筒轴线的垂直度极限偏差为其外接圆半径 r 的 0.5%，如图 4-24 所示。

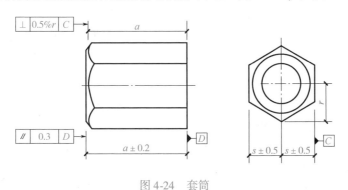

图 4-24　套筒

（3）螺栓球加工允许偏差　螺栓球成型后，不应有裂纹、褶皱、过烧。螺栓球是网架杆件互相连接的受力部件，采取热锻成型，质量容易得到保证。对锻造球，应着重检查是否有裂纹、叠痕、过烧。检验时，每种规格抽查 10%，且不应少于 5 个，用 10 倍放大镜观察或表面探伤。

螺栓球加工的允许偏差应符合表 4-15 的规定。检查时，每种规格抽查 10%，且不应少于 5 个。

表 4-15　螺栓球加工的允许偏差　　　　　　　（单位：mm）

项目		允许偏差	检验方法
球直径	$d \leq 120$	+2.0 -1.0	用卡尺和游标卡尺检查
	$d > 120$	+3.0 -1.5	
球圆度	$d \leq 120$	1.5	用卡尺和游标卡尺检查
	$120 < d \leq 250$	2.5	
	$d > 250$	3.0	
同一轴线上两铣平面平行度	$d \leq 120$	0.2	用百分表 V 形块检查
	$d > 120$	0.3	
铣平面距球中心距离		±0.2	用游标卡尺检查
相邻两螺栓孔中心线夹角		±30′	用分度头检查
两铣平面与螺栓孔轴垂直度		0.005r	用百分表检查

4.6.2　焊接空心球加工

1. 焊接空心球加工要点

焊接空心球节点主要由空心球、钢管杆件、连接套管等零件组成。空心球制作工艺流程应为：号料→加热→冲压→切边坡口→拼装→焊接→检验。

1）半球圆形胚料钢板应用乙炔氧气或等离子切割号料。

2）毛坯半圆球可用普通车床切边坡口，坡口角度为 22.5°～30°。不加肋空心球两个半球对装时，中间应余留 2.0mm 缝隙，以保证焊透（图 4-25）。焊接成品的空心球直径的允许偏差：当球直径小于等于 300mm 时，为 ±1.5mm；直径大于 300mm 时，为 ±2.5mm。圆度允许偏差：当直径小于等于 300mm，应小于 2.0mm。对口错边量允许偏差应小于 1.0mm。

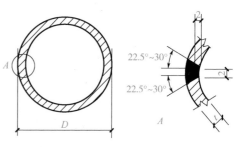

图 4-25　不加肋的空心球

3）加肋空心球的肋板位置应在两个半球的拼接环形缝平面处（图 4-26）。加肋钢板应用乙炔氧气切割号料，并外径留有加工余量，其内孔以 $D/3 \sim D/2$ 割孔。板厚宜不加工，号料后应用车床加工成形，直径偏差为 $-1.0 \sim 0$mm。D 为管直径，t 为加肋钢板宽度。

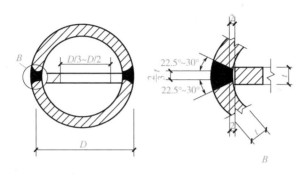

图 4-26　加肋的空心球

4）套管是钢管杆件与空心球拼焊连接定位件，应用同规格钢管剖切一部分圆周长度，经加热后在固定芯轴上成形。套管外径比钢管杆件内径小 1.5mm，长度为 $40 \sim 70$mm（图 4-27）。

5）空心球与钢管杆件连接时，钢管两端开坡口 30°，并在钢管两端头内加套管与空心球焊接，球面上相邻钢管杆件之间的缝隙 a 不宜小于 10mm（图 4-28）。钢管杆件与空心球之间应留有 $2.0 \sim 6.0$mm 缝隙予以焊透。

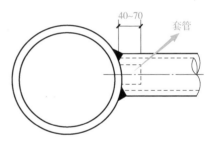

图 4-27　加套管连接

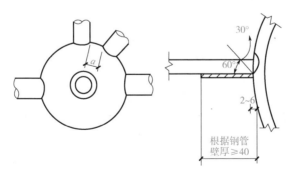

图 4-28　空心球节点连接

a—相邻钢管杆件的缝隙

2. 焊接空心球加工允许偏差

焊接空心球加工的允许偏差应符合表 4-16 的规定。

表 4-16　焊接空心球加工的允许偏差

项目		允许偏差
直径	$d \leqslant 300$	±1.5
	$300 < d \leqslant 500$	±2.5
	$300 < d \leqslant 800$	±3.5
	$d > 800$	±4
圆度	$d \leqslant 300$	±1.5
	$300 < d \leqslant 500$	±2.5
	$300 < d \leqslant 800$	±3.5
	$d > 800$	±4
壁厚减薄量	$t \leqslant 10$	$\leqslant 0.18t$，且不大于 1.5
	$10 < t \leqslant 16$	$\leqslant 0.18t$，且不大于 1.5
	$16 < t \leqslant 22$	$\leqslant 0.18t$，且不大于 1.5
	$22 < t \leqslant 45$	$\leqslant 0.18t$，且不大于 1.5
	$t > 45$	$\leqslant 0.18t$，且不大于 1.5
对口错边量	$t \leqslant 20$	$\leqslant 0.18t$，且不大于 1.5
	$20 < t \leqslant 40$	2.0
	$t > 40$	3.0
焊缝余高		0~1.5

4.7　钢构件加工工程质量验收

本节适用于钢结构制作及安装中钢零件及钢部件加工的质量验收。钢零件及钢部件加工工程，可按相应的钢结构制作工程或钢结构安装工程检验批的划分原则划分为一个或若干个检验批。

4.7.1　主控项目检验标准

钢结构零件、部件加工主控项目检验标准应符合表 4-17 的规定。

表 4-17　钢结构零件、部件加工主控项目检验标准

序号	项目	质量检验标准	检查数量	检验方法
1	切面质量	钢材切割面或剪切面应无裂纹、夹渣、分层和大于 1mm 的缺棱	全数检查	观察或用放大镜及百分尺检查，有疑义时做渗透、磁粉或超声波探伤检查
2	边缘加工	碳素结构钢在环境温度低于 -16℃、低合金结构钢在环境温度低于 -12℃ 时，不应进行冷矫正和冷弯曲。碳素结构钢和低合金结构在加热矫正时，加热温度不应超过 900℃。低合金结构钢在加热矫正后应自然冷却 当零件采用热加工成型时，加热温度应控制在 900~1000℃；碳素结构钢和低合金结构钢在温度分别下降到 700℃ 和 800℃ 之前，应结束加工；低合金结构钢应自然冷却	全数检查	检查制作工艺报告和施工记录
3	焊接球	气割或机械剪切的零件，需要进行边缘加工时，其刨削量应不小于 2.0mm	全数检查	检查工艺报告和施工记录
4	加工	钢板压成半圆球后。表面不应有裂纹、褶皱；焊接球其对接坡口应采用机械加工，对接焊缝表面应打磨平整	每种规格抽查 10%，且应不少于 25 个	10 倍放大镜观察和进行表面探伤

4.7.2　一般项目检验标准

钢结构零件、部件加工一般项目检验标准应符合表 4-18 的规定。

表 4-18　钢结构零件、部件加工一般项目检验标准

序号	项目	质量检验标准	检查数量	检验方法
1	气割精度	气割的允许偏差应符合规定	按切割面数抽查 10%，且应不少于 3 个	观察或用钢尺、塞尺检查
2	机械剪切精度	机械剪切的允许偏差应符合规定	按切割面数抽查 10%，且应不少于 3 个	观察或用钢尺、塞尺检查

（续）

序号	项目	质量检验标准	检查数量	检验方法
3	矫正质量	矫正后的钢材表面，不应有明显的凹面或损伤，划痕深度不得大0.5mm，且应不大于该钢材厚度负允许偏差的1/2	检查按冷矫正和冷弯曲的件数抽查10%，且应不少于3个；按矫正件数抽查10%，且应不少于3件	观察和实测
4	弯曲精度	冷矫正和冷弯曲的最小曲率半径和最大弯曲矢高应符合规定	按冷矫正和冷弯曲的件数抽查10%，并且不少于3个	观察和实测检查
5	边缘加工密度	边缘加工的允许偏差的最应符合规定	按加工面数抽查10%，且应不少于3件	观察和实测
6	管件加工精度	钢网架（桁架）用钢管杆件加工的允许偏差应符合规定	每种规格抽查10%，且应不少于5根	

4.7.3 质量通病与防治

钢零件及钢部件加工工程的缺陷主要包括号料偏差、矫正偏差、成型缺陷等，其质量通病外在表现及防治技巧见表4-19。

表4-19 钢零件及钢部件加工工程质量通病外在表现及防治技巧

质量通病	外在表现及原因	防治技巧
号料偏差	钢材号料尺寸与实际尺寸有偏差	（1）检查对照样板及计算好的尺寸是否符合图纸的要求 （2）发现材料上有疤痕、裂纹、夹层及厚度不足等缺陷时，应及时与有关部门联系，研究确定后再进行号料 （3）钢材有弯曲和凹凸不平时，应先矫正，以减小号料误差 （4）材料的摆放，两型钢或板材边缘之间应至少有50～100mm的距离，以方便画线。规格较大的型钢和钢板放、摆料要有起重机配合进行，可提高工效、保证安全 （5）角钢及槽钢弯折料长计算，角钢、槽钢内直角切口计算，焊接收缩量预留计算等必须严格计算，不得出现误差
矫正偏差	矫正后变形过大；型钢矫正后弯曲度过大	（1）当采用火焰矫正时，加热温度应根据钢材性能选定但不得超过900℃，低合金钢在加热矫正后应慢慢冷却 （2）碳素结构钢在环境温度低于－16℃、低合金结构钢在环境温度低于－12℃时，为避免钢材冷脆断裂不得进行冷矫正和冷弯曲。矫正后的钢材表面不应有明显的凹痕和损伤，表面划痕深度不得大于0.5mm

（续）

质量通病		外在表现及原因	防治技巧
矫正偏差		矫正后变形过大；型钢矫正后弯曲度过大	（3）箱形梁的扭曲被矫正后，可能会产生上拱或侧弯的新变形，对上拱变形的矫正，可在上拱处由最高点向两端用加热三角形方法矫正；侧弯矫正时除用加热三角形法单一矫正外，还可一边加热一边用千斤顶进行矫正
成型缺陷	过弯	轴辊调节过量	矫正棱角的方法可采用三辊或四辊卷板机进行
	锥形	上下辊的中心线不平行	
	鼓形	轴辊发生弯曲变形	
	束腰	上下辊压力和顶力太大	
	歪斜	板料没有对中	
	棱角	预弯过大或过小	
卷裂		板料在卷弯时，由于变形太大、材料的冷作硬化，以及应力集中等因素会使材料的塑性降低而造成裂纹	（1）对变形率大和脆性的板料，需进行正火处理 （2）对缺口敏感性大的钢种，应将板料预热到 150～200℃后卷制 （3）板料的纤维方向，不应与弯曲线垂直 （4）对板料的拼接缝必须修磨至光滑平整
表面压伤		卷板时，钢板或轴辊表面的氧化皮及粘附的杂质会造成板料表面的压伤。尤其在热卷或热矫时，氧化皮与杂质对板料的压伤更为严重	（1）在冷卷前必须清除板料表面的氧化皮，并涂上保护涂料 （2）热卷时应采用中性火焰，缩短高温度下板料的停留时间，并采用防氧涂料等办法，尽可能减少氧化皮的产生 （3）卷板时应不断吹扫内外侧剥落的氧化皮，矫圆时应尽量减少反转次数等 （4）卷板设备必须保持干净，轴辊表面不得有锈皮、毛刺、棱角或其他硬性颗粒 （5）非铁金属、不锈钢和精密板料卷制时，最好固定专用设备，并将轴辊磨光，消除棱角和毛刺等，必要时用厚纸板或专用涂料保护工作表面
边缘加工偏差		边缘加工偏差过大	当用气割方法切割碳素钢和低合金钢焊接坡口时，对屈服强度不小于 400N/mm² 的钢材，应将坡口表面及热影响区用砂轮打磨去除淬硬层 对屈服强度小于 400N/mm² 的钢材，应将坡口熔渣、氧化层等消除干净，并将影响焊接质量的凹凸不平处打磨平整，当用碳弧气刨方法加工坡口或清焊根时，刨槽内的氧化层、淬硬层、顶碳或铜迹必须进行彻底打磨

（续）

质量通病	外在表现及原因	防治技巧
制孔方式选择不恰当	制孔方式选择不恰当；孔径的偏差过大；螺栓孔孔距偏差大	（1）选择合理恰当的制孔方式 （2）构件钻孔前应进行试钻，经检查合格后再进行正式钻孔 （3）通常情况下，扩孔时把零件孔钻成比设计小 3mm 的孔，待整体组装后再行扩孔，以保证孔眼一致，孔壁光滑，或用于钻直径 30mm 以上的孔，先钻成小孔，后扩成大孔，以减小钻端阻力，进而提高工效 （4）锥形埋头孔应用专用锥形锪钻制孔，或用麻花钻改制，将顶角磨成所需要的大小角度；圆柱形埋头孔应用柱形锪钻，用其端面刀片切削，锪钻前端设导柱导向，从而确保位置正确

第5章 钢构件的组装与预拼装

5.1 钢构件的组装

钢结构构件的组装是指遵照施工图的要求把已经加工完成的各零件或半成品等钢构件采用装配的手段组合成为独立的成品,这种装配的方法通常称为组装。钢结构组装必须严格按照工艺要求进行,通常情况下,先组装主要结构的零件,采用从内向外的装配方法。不允许采用强制的方法组装构件,避免产生各种内应力,减少其装配变形。

5.1.1 钢构件组装前准备工作

1. 技术准备

1)钢构件组装前应熟悉产品图纸和工艺规程,主要是了解产品的用途以及结构特点,以便于提出装配的支承与夹紧等措施。

2)了解各零件的相互配合关系、使用材料及其特性,以便确定装配方法。

3)了解装配工艺规程和技术要求,以便于确定控制程序、控制基准以及主要控制数值。

2. 材料准备

(1)理料 组装开始前,首先应进行理料,即把加工好的零件按照零(部)件号、规格分门别类堆放在组装工具旁,以方便使用,可以极大地提高工效。然而,有些构件需要进行钢板或型钢的拼接,应在组装前进行。

(2)构件检查 理料结束后,必须再次检查各组构件的外形尺寸、孔位、垂直度、平整度、弯曲构件的曲率等,符合要求后将组装焊接处的连接接触面及沿边缘30~50mm 范围内的铁锈、毛刺、污垢等在组装前清除干净。

(3)开坡口 开坡口时,必须按照图纸和工艺文件的规定进行,否则焊缝强度将难以得到保证。

（4）绘安装线　一个构件装在另一个构件上，必须在另一个构件上绘出安装位置线，这关系到钢结构的总体尺寸；同时必须考虑预留焊缝收缩量和加工余量。有的厂家忽视了这一点，结果焊接完毕后总长度超差，造成构件报废，损失惨重。

3. 机具准备

钢构件组装视构件的大小、体型、重量等因素需选择适合的组装胎具或胎模、组装工具及固定构件所需的夹具。组装中常用的工具、量具、卡夹具和各种专用吊具，都必须配齐并组织到场，此外，根据组装需要配置的其他设备，也必须安置在规定的场所。

（1）典型胎膜

1）H 型钢结构水平组装胎模。H 型钢结构组装水平胎模可适用大批量 H 型钢结构的组装，装配质量较高、速度快，但占用的场地较大。组装时，可先把各零部件分别放置在适当的工作位置上，然后用夹具夹紧一块翼缘板作为定位基准面，利用翼缘板与腹板本身的重力，从另一个方向施加一个水平推力，也可以用铁楔或千斤顶等工具横向施加一个水平推力，直至翼腹板三板紧密接触处，然后用电焊定位，这样 H 型钢结构即组装完成，如图 5-1 所示。

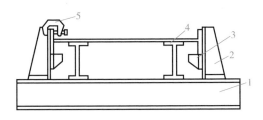

图 5-1　H 型钢结构水平组装胎模
1—工字钢横梁平台　2—侧向翼板定位靠板
3—翼缘板搁置牛腿
4—纵向腹板定位工字梁　5—翼缘板夹紧工具

2）H 型钢结构竖向组装胎模。H 型钢结构竖向组装胎模占用场地少，结构简单，效率也高，但是在组装 H 型钢结构时，需要二次造型，如图 5-2 所示。

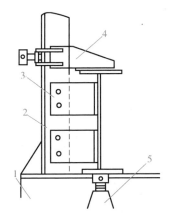

图 5-2　H 型钢结构竖向组装胎模
1—工字钢平台横梁　2—胎模角钢立柱　3—腹板定位靠模
4—上翼缘板定位限位　5—顶紧用的千斤顶

3）箱形组装胎模。箱形组装胎模的工作原理是利用腹板活动定位靠模与活动横臂腹板定位夹具的作用固定腹板，然后用活动装配千斤顶顶紧腹板与底板接缝，并且用电焊定位好，如图 5-3 所示。

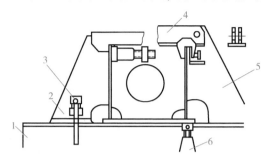

图 5-3　箱形钢结构组装胎模

1—工字钢平台横梁　2—腹板活动定位靠模　3—活动定位靠模夹头
4—活动横臂板定位夹具　5—腹板固定靠模　6—活动装配千斤顶

（2）组装工具　组装常用的工具主要有大锤、小锤、凳子、手砂轮、撬杠、扳手以及各种划线用的工具等。常用的量具主要有钢卷尺、钢直尺、水平尺、90°角尺、线坠及各种检验零件定位情况的样板，以及双头螺栓、花篮螺栓、螺栓拉紧器等，如图 5-4 所示。

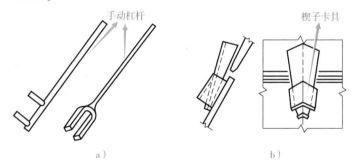

图 5-4　组装工具

a）手动杠杆　b）螺栓拉紧器

（3）组装夹具　组装夹具是指在组装中用来对零件施加外力，使其获得可靠定位的工艺装备。组装过程中的夹紧通常是通过组装夹具实现的。组装夹具主要包括通用夹具和组装胎架上的专用夹具，如图 5-5 所示。

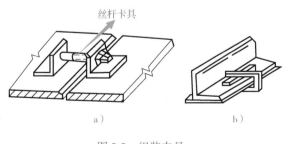

图 5-5　组装夹具

a）夹具一　b）夹具二

5.1.2 钢构件组装方法及要求

1. 组装方法

选择构件组装方法时，必须根据构件的结构特性和技术要求，结合制造厂的加工能力、机械设备等情况，选择能有效控制组装精度、耗工少、效益高的方法。也可根据表5-1进行选择。

表5-1 钢结构构件组装方法选择

名称	装配方法	适用范围
地样法	用比例1:1在装配平台上放置构件实样。然后根据零件在实样上的位置，分别组装起来成为构件	桁架、框架等少批量结构组装
仿形复制装配法	先用地样法组装成单面（单片）的结构，并且必须定位点焊，然后翻身作为复制胎模，在上装配另一单面的结构，往返2次组装	横断面互为对称的桁架结构
立装	根据构件的特点及其零件的稳定位置，选择自上而下或自下而上地装配	用于放置平稳、高度不大的结构或大直径圆筒
卧装	构件放置以卧的位置的装配	用于断面不大，但长度较大的细长构件
胎模装配法	把构件的零件用胎模定位在其装配位置上的组装	用于制造构件批量大、精度高的产品

（1）地样法

1）适用范围：桁架、框架等少批量结构组装。

2）装配方法：用比例1:1在装配平台上放有构件实样，然后根据零件在实样上的位置，分别组装起来成为构件。

地样法中的柱脚的定位装配如图5-6所示。

图5-6中，在工件底板上划上中心线和接合线作定位线（地样），以确定槽钢、立板和三角形加强筋的位置。

（2）仿形复制装配法

1）适用范围：横断面互为对称的桁架结构。

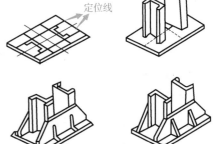

图5-6 柱脚的定位装配

2）装配方法：先用地样法组装成单面（单片）的结构，并且必须定位点焊，然后翻身作为复制胎模，在其上面装配另一单面的结构，往返 2 次组装。

斜 T 形结构的仿形复制法定位装配如图 5-7 所示。

根据斜 T 形结构立板的斜度，预先制作样板，装配时在立板与平板接合线位置确定后，即以样板来确定立板的倾斜度，使其得到准确定位。

（3）立装

1）适用范围：用于放置平稳、高度不大的结构或大直径圆筒。

2）装配方法：根据构件的特点及其零件的稳定位置，选择自上而下或自下而上地装配。

T 形梁胎模装配如图 5-8 所示。

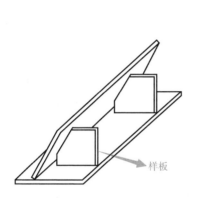

图 5-7　斜 T 形结构的仿形复制法
定位装配

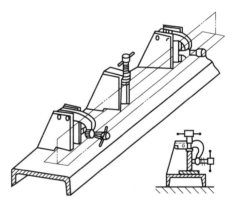

图 5-8　T 形梁胎模装配

（4）卧装

1）适用范围：用于断面不大，但长度较大的细长构件。

2）装配方法：构件放置以卧的位置的装配。

（5）胎膜装配法

1）适用范围：用于制造构件批量大、精度高的产品。

2）装配方法：把构件的零件用胎模定位在其装配位置上的组装。

圆筒立装如图 5-9 所示。

注：在布置拼装胎模时必须注意各种加工

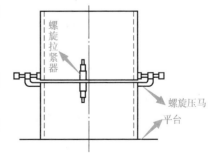

图 5-9　圆筒立装

余量。

2. 钢构件组装一般要求

1）构件组装前，组装人员应熟悉施工详图、组装工艺及有关技术文件的要求，检查组装用的零部件的材质、规格、外观、尺寸、数量等均应符合设计要求。构件组装应根据设计要求、构件形式、连接方式、焊接方法和焊接顺序等确定合理的组装顺序。

2）组装焊接处的连接接触面及沿边缘 30～50mm 范围内的铁锈、毛刺、污垢等，应在组装前清除干净。

3）板材、型材的拼接应在构件组装前进行；构件的组装应在部件组装、焊接、校正并经检验合格后进行。构件应在组装完成并经检验合格后再进行焊接。构件的隐蔽部位应在焊接和涂装检查合格后封闭；完全封闭的构件内表面可不涂装。

4）构件组装的尺寸偏差，应符合设计文件和现行国家标准《钢结构工程施工质量验收标准》（GB 50205—2020）的有关规定。

5）焊接 H 型钢的翼缘板拼接缝和腹板拼接缝的间距，不宜小于 200mm。翼缘板拼接长度不应小于 600mm；腹板拼接宽度不应小于 300mm，长度不应小于 600mm。箱形构件的侧板拼接长度不应小于 600mm，相邻两侧板拼接缝的间距不宜小于 200mm；侧板在宽度方向不宜拼接，当宽度超过 2400mm 确需拼接时，最小拼接宽度不宜小于板宽的 1/4。

6）设计无特殊要求时，用于次要构件的热轧型钢可采用直口全熔透焊接拼接，其拼接长度不应小于 600mm。钢管接长时，相邻管节或管段的纵向焊缝应错开，错的最小距离（沿弧长方向）不应小于钢管壁厚的 5 倍，且不应小于 200mm。钢管接长时每个节间宜为一个接头，最短接长长度应符合下列规定：①当钢管直径 $d \leqslant$ 500mm 时，不应小于 500mm；②当钢管直径 500mm $< d \leqslant$ 1000mm，不应小于直径 d；③当钢管直径 $d >$ 1000mm 时，不应小于 1000mm；④当钢管采用卷制方式加工成型时，可有若干个接头。

7）构件组装间隙应符合设计和工艺文件要求，当设计和工艺文件无规定时，组装间隙不宜大于 2.0mm。设计要求起拱的构件，应在组装时按规定的起拱值进行起拱，起拱允许偏差为起拱值的 0～10%，且不应大于 10mm。设计未要求但施工工艺要求起拱的构件，起拱允许偏差不应大于起拱值的 ±10%，且不应大于 ±10mm。

8）桁架结构组装时，杆件轴线交点偏移不应大于 3mm。构件端部铣平后顶紧接触面应有 75% 以上的面积密贴，应用 0.3mm 的塞尺检查，其塞入面积应小于 25%，边缘最大间隙不应大于 0.8mm。

9）拆除临时工装夹具、临时定位板、临时连接板等，严禁用锤击落，应在距离构件表面 3 ~ 5mm 处采用气割切除，对残留的焊疤应打磨平整，且不得损伤母材。

5.1.3　胎模组装与技巧

胎模必须是一个完整的、不变形的整体结构，应必须根据施工图的构件 1∶1 实样制造，其各零件定位靠模加工精度与构件精度符合或高于构件精度。通常架设在离地面 800mm 左右或是人们便于操作的位置。

1. 实腹式 H 结构组装

实腹式 H 结构是由上、下翼缘板与中腹板组成的 H 形焊接结构。

1）组装前，应对翼缘板及腹板等零件进行复验，使其平直度及弯曲小于 1/1000 的公差且不大于 5mm。

2）用砂轮打磨除去翼板、腹板装配区域内的氧化层，其范围应在装配接缝两侧 30 ~ 50mm 内。

3）根据 H 断面尺寸调整 H 胎模，使其纵向腹板定位于工字钢水平高差，并符合施工图尺寸要求。

4）H 型钢一般是在胎具上平装，即将腹板平放于装配胎上，再将两块翼板立放两侧，三块钢板对齐一端，用弯尺找正垂直角，用"兀"形夹具配以楔形铁块（或螺栓千斤顶）自工件的一端向另一端逐步将翼板和腹板之间隙夹紧（或顶紧），并在对准装配线后进行定位焊。

5）为防止焊接和吊运时变形，装配完后，再在腹板和翼板之间点焊上数个临近斜支撑杆拉住翼板，使其保持垂直，对不允许点焊的工件应采用专用的夹具固定。

2. 箱形结构组装

箱形结构是由上下盖板、隔板和两侧腹板组成的焊接结构。其组装要求如下：

1）以上盖板作为组装基准。在盖板与腹板、隔板的组装面上，按照施工图的要求分别放在各板的组装线上，并且在图样中标志出来。

2）上盖板与隔板组装。上盖板与隔板的组装应在胎模上进行。装配好以后，必须先施行焊接；再焊接完毕以后，才可以进行下道组装。

3）H 形组装。在腹板装配前必须先检查腹板的弯曲是否同步，若不同步，则必须先矫正，待矫正后方可进行组装。装配的方法通常采用一个方向装配，一般是先定位中部隔板，然后再定位腹板。

4）箱体结构整体组装是在 H 形结构全部完工后进行的。先将 H 形结构腹板边缘矫正好，使其不平度小于 1/1000，然后在下盖板上放上与腹板装配线定位线，翻过面与 H 形结构组装，组装方法通常采用一个方向装配，定位点焊采用对称方法，这样可以减小装配应力，防止结构变形。

5.1.4 钢板拼装

钢板拼装是最基本的部件装配。钢板拼装是在装配平台上进行，将钢板零件摆列在平台板上，调整粉线，用撬杠等工具将钢板平面对接缝对齐，用定位焊固定。

1. 钢板拼装的种类

按照所用钢板厚度的不同，钢板拼装通常可以分为以下两种。

（1）厚板拼装　如图 5-10 所示为厚板拼装的一般方法：先按拼装位置将需拼装的钢板排列在操作平台上，然后将拼装钢板靠紧，或按要求留出一定的间隙。当板缝处出现高低不平时，可采用压马调平，然后进行定位焊使之固定。为了确保焊接质量以及防止应力集中，定位焊的位置应离开焊缝交叉处和焊缝边缘一定距离，且焊点间保持一定间距。如果板缝对接采用自动焊，应根据焊接规程的要求决定是否开坡口。如果不开坡口，应预先在定位焊处铲出沟槽，使定位焊缝的余高与未定位焊的接缝基本相平，以保证自动焊的质量。

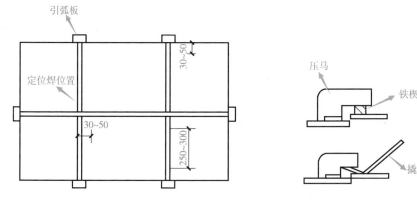

图 5-10　厚板拼装示意图

（2）薄板拼装　薄板拼装往往由于焊接应力的作用引起波浪变形，需要专门采取防变形的措施，通常应采用刚性固定法解决。

2. 钢板拼板技巧

拼板时，拼料应按规定先开好坡口后，再进行拼板。拼板时必须注意板边垂直度，以便于控制间隙，若检查板边不直，应修直后再行拼板。

拼板时，通带在板的一端（离端部 30mm 处），当间隙及板缝平度符合要求后进行定位，在另一端把一只双头螺栓分别用定位焊定位于两块板上，控制接缝间隙，当发现两板对接处不平时，可参考如图 5-11 所示的做法，在低板上焊"铁马"并用铁楔矫正。焊装"铁马"的焊缝应焊在引入"铁楔"的一面，焊缝紧靠"铁马"开口直角边（单面焊），长度约 20mm，不宜焊得太长，否则拆"铁马"很麻烦，甚至会把钢板拉损。拆除"铁马"时，在"铁马"的背面，用锤轻轻一击即可。

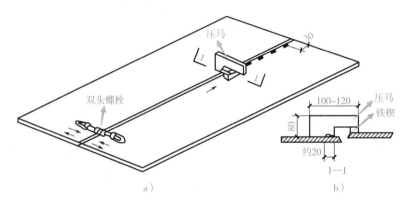

图 5-11　拼板

a）拼板示意图　b）1—1 剖面图

3. 拼接顺序

对于多片钢板拼接，为了尽可能地减少焊接残余应力、残余变形及焊缝对母材的损伤，应该合理安排拼接顺序，可参考如图 5-12 所示的顺序。对于大面积钢板拼接可以分成几片分别拼接，然后再做片与片之间的横向拼接，如图 5-13 所示。

5.1.5　桁架拼装

桁架多是在装配平台上放实样组装的，即先在平台上放实样，据此装配出第一单面桁架，并施行定位焊，之后再用它作胎模，在其上面进行复制，装配出第二个

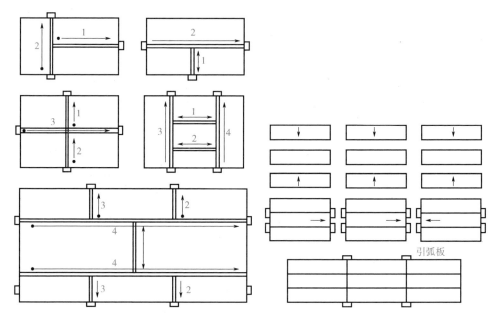

图 5-12　多片钢板的拼接顺序　　　　图 5-13　大面积钢板的拼接步骤

单面桁架。在定位焊完了之后，将第二个桁架翻面180°下胎，再在第二桁架上，以下面角钢为准，装完对称的单面格架，即完成一个桁架的拼装。同样以第一个单面榄架为底样（样板），依此方法逐个装配其他桁架。

施工时，还应注意以下几点：

1）无论是弦杆，还是腹杆，均应先单肢拼配焊接矫正，然后进行大拼装。

2）支座、与钢柱连接的节点板等应先小件组焊，矫平后再定位大拼装。

3）放拼装胎时应放出收缩量，一般放至上限，即当 $L \leqslant 24m$ 时放 5mm，$L > 24m$ 时放 8mm。

4）根据设计规范规定，对于有起拱要求的桁架应预放出起拱线，无起拱要求的，也应起拱 10mm 左右，防止下挠。

5.1.6　实腹工字形吊车梁组装

1）腹板应先刨边，以保证宽度和拼装间隙。

2）翼缘板进行反变形，装配时保持 $\alpha_1 = \alpha_2$。翼缘板与腹板的中心线偏移 $\leqslant 2mm$。翼缘板装腹板面的主焊缝部位 50mm 以内先进行清除油、锈等杂质的处理。

3）点焊距离 $\leqslant 200mm$，双面点焊，并加撑杆，如图 5-14 所示，点焊高度为焊缝的 2/3，且不应大于 8mm，焊缝长度不宜小于 25mm。

4）根据设计规范规定，实腹式吊车梁的跨度超过 24m 时才起拱。跨度小于 24m 时，为防止下挠最好先焊下翼缘的主缝和横缝。焊完主缝，矫平翼缘，然后装加劲板和端板。工字形断面构件的组装胎如图 5-15 所示。

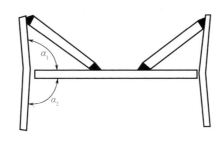

图 5-14　撑杆示意图

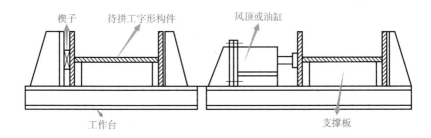

图 5-15　工字形断面构件组装胎示意图

5）对于磨光顶紧的端部加劲角钢，最好在加工时把四支角钢夹在一起同时加工，使之等长。

6）用自动焊施焊时，在主缝两端都应当点焊引弧板，引弧板大小视板厚和焊缝高度而异，一般宽度为 60 ~ 100mm，长度为 80 ~ 100mm。

5.1.7　预总装

1）所有需预总装构件必须是经过质量检验部门验证合格的钢结构成品。

2）预总装工作场地应配备适当的吊装机械和装配空间。

3）预总装胎模按工艺要求铺设，其刚度应有保证。

4）构件预总装时，必须在自然状态下进行，使其正确地装配在相关构件安装位置上。

5）需在预总装时制孔的构件，必须在所有构件全部预总装完工后，又要通过整体检查，确认无误后，亦可进行预总装制孔。

6）预总装完毕后，拆除全部的定位夹具后，方可拆除装配的构件，以防止其吊卸产生的变形。

7）如构件预总装部位的尺寸有偏差，可对不到位的构件采用顶、拉等手段使其到位。对因胎模铺设不正确造成的偏差，可采用重新修正的方法。

如因构件制孔不正确造成节点部位偏差，当孔偏差≤3mm时，可采用扩孔方法解决；当孔偏差>3mm时，可用电焊补孔打磨平整或采用重新钻孔的方法解决。当补孔工作量较大时，可采用换节点连接板方法解决。

5.2 钢构件预拼装

为保证安装的顺利进行，应根据构件或结构的复杂程度、设计要求或合同协议规定，在构件出厂前进行预拼装。由于受运输条件、现场安装条件等因素的限制，大型钢构件不能整体出厂，必须分成两段或若干段出厂时，也要进行预拼装。

5.2.1 钢构件预拼装方法及要求

1. 拼装方法

（1）平装法　平装法适用于拼装跨度较小、构件相对刚度较大的钢结构，如长18m以内钢柱、跨度6m以内天窗架及跨度21m以内的钢屋架的拼装。

此拼装方法操作方便，无须稳定加固措施，也无须搭设脚手架。焊缝焊接大多数为平焊缝，焊接操作简易，无须技术很高的焊接工人，焊缝质量易于保证，校正及起拱方便、准确。

（2）立拼拼装法　立拼拼装法可适用于跨度较大、侧向刚度较差的钢结构，如18m以上钢柱、跨度9m及12m窗架、24m以上钢屋架以及屋架上的天窗架。

此拼装法可一次拼装多榀，块体占地面积小，不用铺设或搭设专用拼装操作平台或枕木墩，节省材料和工时，省却翻身工序，质量易于保证，不用增设专供块体翻身、倒运、就位、堆放的起重设备，缩短工期。块体拼装连接件或节点的拼接焊缝可两边对称施焊，可避免预制构件连接件或钢构件因节点焊接变形而使整个块体产生侧弯。

但需搭设一定数量的稳定支架，块体校正、起拱较难，钢构件的连接节点及预制构件的连接件的焊接立缝较多，增加焊接操作的难度。

（3）利用模具拼装法　模具是指符合工件几何形状或轮廓的模型（内模或外模）。用模具来拼装组焊钢结构，具有产品质量好、生产效率高等优点。对成批的板材结构、型钢结构，应考虑采用模具拼组装。

桁架结构的装配模，往往是以两点连直线的方法制成，其结构简单，使用效果好。如图 5-16 所示为构架装配模示意图。

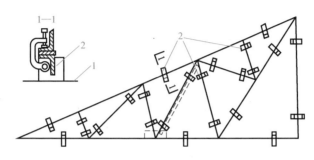

图 5-16　构架装配模

1—工作台　2—模板

2. 拼装要求

1）钢构件预拼装的比例应符合施工合同和设计要求，一般按实际平面情况预装 10% ~ 20%。

2）拼装构件一般应设拼装工作台，若在现场拼装，则应放在较坚硬的场地上用水平仪抄平。拼装时构件全长应拉通线，并在构件有代表性的点上用水平尺找平，符合设计尺寸后电焊点固焊牢。刚性较差的构件，翻身前要进行加固，构件翻身后也应进行找平，否则构件焊接后无法矫正。

3）构件在制作、拼装、吊装中所用的钢尺应一致，且必须经计量检验，并相互核对，测量时间宜在早晨日出前，下午日落后最好。

4）各支承点的水平度应符合以下规定：①当拼装总面积不大于 300 ~ 1000m² 时，允许偏差 ≤2mm；②当拼装总面积在 1000 ~ 5000m² 时，允许偏差 <3mm。单构件支承点不论柱、梁、支撑，应不少于两个支承点。

5）钢构件预拼装地面应坚实，胎架强度、刚度必须经设计计算而定，各支承点的水平精度可用已计量检验的各种仪器逐点测定调整。

6）在胎架上预拼装过程中，不允许对构件动用火焰、锤击等，各杆件的重心线应交汇于节点中心，并应完全处于自由状态。

7）预拼装钢构件控制基准线与胎架基线必须保持一致。

8）高强度螺栓连接预拼装时，使用冲钉直径必须与孔径一致，每个节点要多于三只，临时普通螺栓数量一般为螺栓孔的1/3。对孔径检测，试孔器必须垂直自由穿落。

9）当多层板叠采用高强度螺栓或普通螺栓连接时，宜先使用不少于螺栓孔总数10%的冲钉定位，再采用临时螺栓紧固。临时螺栓在一组孔内不得少于螺栓孔数量的20%，且不应少于2个；预拼装时应使板层密贴。螺栓孔应采用试孔器进行检查，并应符合下列规定：①当采用比孔公称直径小1.0mm的试孔器检查时，每组孔的通过率不应小于85%；②当采用比螺栓公称直径大0.3mm的试孔器检查时，通过率应为100%。

10）预拼装检查合格后，宜在构件上标注中心线、控制基准线等标记，必要时可设置定位器。

11）所有需要进行预拼装的构件制作完毕后，必须经专检员验收，并应符合质量标准的要求。相同的单构件可以互换，也不会影响到整体几何尺寸。

12）大型框架露天预拼装的检测时间，建议在日出前、日落后定时进行，所用卷尺精度应与安装单位相一致。

5.2.2　典型的梁、柱拼装

1. 梁的拼装技巧

由于运输或安装条件的限制，梁需分段制作和运输，然后在工地拼装，这种拼接称为工地拼接。梁用拼接板的拼接如图5-17所示。

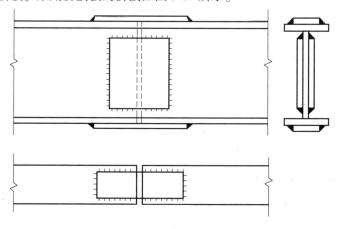

图 5-17　梁用拼接板的拼接

工地拼接的位置主要由运输和安装条件确定，一般布置在弯曲应力较低处。

翼缘和腹板应基本上在同一截面处断开，以便于分段运输。拼接构造端部平齐，如图 5-18a 所示，能防止运输时碰损，但其缺点是上、下翼缘及腹板在同一截面拼接会形成薄弱部位。翼缘和腹板的拼接位置略微错开一些，如图 5-18b 所示，受力情况较好，但运输时端部突出部分应加以保护，以免碰损。

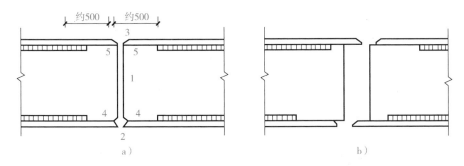

图 5-18　焊接梁的工地拼接

a）拼接端部平齐　b）拼接端部错开

焊接梁的工地对接缝拼接处，上、下翼缘的拼接边缘均宜做成向上的 V 形坡口，以便俯焊。为了使焊缝收缩比较自由，减小焊接残余应力，应留一段（长度 500mm 左右）翼缘焊缝在工地焊接，并采用合适的施焊程序。

对于较重要的或受动力荷载作用的大型组合梁，考虑到现场施焊条件较差，焊缝质量难以保证，其工地拼接宜用摩擦型高强度螺栓连接。

2. 箱形梁拼装技巧

箱形梁的结构有钢板组成的，也有型钢与钢板混合结构组成的，但大多箱形梁的结构是采用钢板结构成型的。箱形梁是由上下面板、中间隔板及左右侧板组成。

箱形梁的拼装过程是先在底面板划线定位，如图 5-19a 所示。按位置拼装中间定向隔板，如图 5-19b 所示。

为防止移动和倾斜，应将两端和中间隔板与面板用型钢条临时点固。然后以各隔板的上平面和两侧面为基准，同时拼装箱形梁左右立板（图 5-19c）。两侧立板的长度要以底面板的长度为准靠齐并点焊。当两侧板与隔板侧面接触间隙过大时，可用活动型卡具夹紧，再进行点焊。最后拼装梁的上面板，当上面板与隔板上平面接触间隙大、误差多时，可用手砂轮将隔板上端找平，并用 U 形卡具压紧进行点焊和焊接，如图 5-19d 所示。

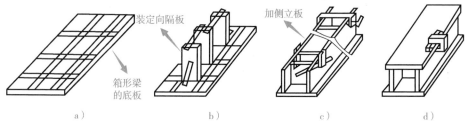

图 5-19　箱形梁拼装

a）箱形梁的底板　b）装定向隔板　c）加侧立板　d）装好的箱形梁

3. 工字钢梁、槽钢梁拼装技巧

工字钢梁和槽钢梁分别是由钢板组合的工程结构梁，它们的组合连接形式基本相同，只是型钢的种类和组合成型的形状不同，如图 5-20 所示。

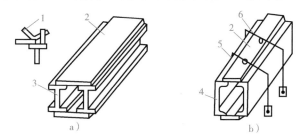

图 5-20　工字钢梁、槽钢梁组合拼装

a）工字钢梁　b）槽钢梁

1—撬杠　2—面板　3—工字钢　4—槽钢　5—龙门架　6—压紧工具

1）在拼装组合时，首先按图纸标注的尺寸、位置在面板和型钢连接位置处进行划线定位。

2）在组合时，如果面板宽度较窄，为使面板与型钢垂直和稳固，避免型钢向两侧倾斜，可用与面板同厚度的垫板临时垫在底面板（下翼板）两侧来增加面板与型钢的接触面面积。

3）用直角尺或水平尺检验侧面与平面垂直，几何尺寸正确后，方能按一定距离进行点焊。

4）拼装上面板以下底面板为基准。为保证上下面板与型钢严密结合，若接触面间隙大，可用撬杠或卡具压严靠紧（图 5-20），然后进行点焊和焊接。

4. 钢柱拼装

（1）钢柱拼装方法

1）平拼拼装法。先在柱的适当位置用枕木搭设 3 或 4 个支点，如图 5-21a 所示。各支承点高度应拉通线，使柱轴线中心线成一水平线，先吊下节柱找平，再吊上节柱，使两端头对准，然后找中心线，并将安装螺栓或夹具上紧，最后进行接头焊接，采取对称施焊，焊完一面再翻身焊另一面。

2）立拼拼装法。在下节柱适当位置设 2 或 3 个支点，上节柱设 1 或 2 个支点，如图 5-21b 所示，各支点用水平仪测平垫平。拼装时先吊下节，使牛腿向下，并找平中心，再吊上节，使两节的节头端相对准，然后找正中心线，并将安装螺栓拧紧，最后进行接头焊接。

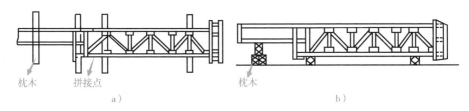

枕木　拼接点
a）

枕木
b）

图 5-21　钢柱的拼装
a）平拼拼装法　b）立拼拼装法

（2）柱底座板和柱身组合拼装技巧　①将柱身按设计尺寸先行拼装焊接，使柱身达到横平竖直，符合设计和验收标准的要求。若不符合质量要求，可进行矫正以达到质量要求。②将事先准备好的柱底板按设计规定尺寸，分清内外方向画结构线并焊挡铁定位，防止在拼装时位移。③柱底板与柱身拼装之前，必须将柱身与柱底板接触的端面用刨床或砂轮加工平整。同时将柱身分几点垫平，如图 5-22 所示。使柱身垂直柱底板，以保证安装后受力均匀，防止产生偏心压力，以达到质量要求。④拼装时，将柱底座板用角钢头或平面型钢按位置

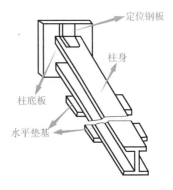

定位钢板

柱身

柱底板

水平垫基

图 5-22　钢柱拼装示意图

点固，作为定位倒吊挂在柱身平面，并用直角尺检查垂直度和间隙大小，待合格后进行四周全面点固。为避免焊接变形，应采用对角或对称方法进行焊接。

5.2.3　钢屋架拼装

1. 拼装准备

钢屋架大多用底样采用仿效方法进行拼装，其过程如下：

1）按设计尺寸，并按长、高尺寸，以 1/1000 预留焊接收缩量，在拼装平台上

放出拼装底样，如图 5-23、图 5-24 所示。因为屋架在设计图纸的上下弦处不标注起拱量，所以才放底样，按跨度比例画出起拱。

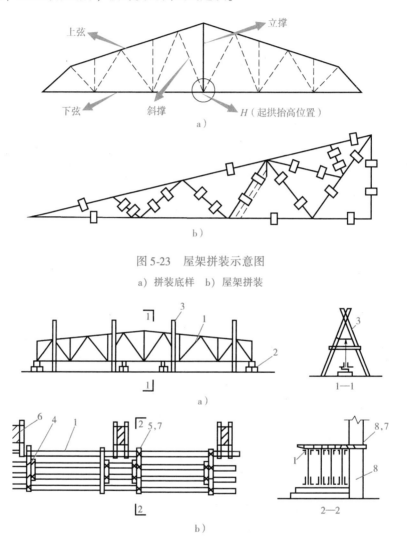

图 5-23　屋架拼装示意图

a）拼装底样　b）屋架拼装

图 5-24　屋架的立拼装

a）36m 钢屋架立拼装　b）多榀钢屋架立拼装

1—36m 钢屋架块体　2—枕木或砖墩　3—木制人字架　4—横挡木钢丝绑牢

5—8 号钢丝固定上弦　6—斜撑木　7—木方　8—柱

2）在底样上一定按图画好角钢面宽度、立面厚度，以此作为拼装时的依据。若在拼装时，角钢的位置和方向能记牢，其立面的厚度可省略不画，只画出角钢面的宽度即可。

2. 拼装施工及技巧

1）放好底样后，将底样上各位置上的连接板用电焊点牢，并用挡铁定位，作为第一次单片屋架拼装基准的底模，如图 5-25a 所示，接着就可将大小连接板按位置放在底模上。为适应生产性质的要求强度，特殊动力厂房屋架一般不采用焊接而用铆焊，如图 5-25b 所示。

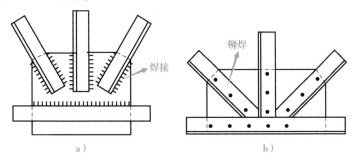

图 5-25　屋架连接示意图

a）焊接　b）铆焊

2）屋架的上下弦及所有的立、斜撑，限位板放到连接板上面，进行找正对齐，用卡具夹紧点焊。待全部点焊牢固，可用起重机做 180°翻个，这样就可用该扇单片屋架为基准仿效组合拼装，如图 5-26 所示。

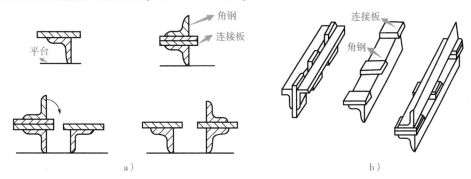

图 5-26　屋架仿效拼装示意图

a）仿形过程　b）复制的实物

3）拼装时，应给下一步运输和安装工序创造有利条件。除按设计规定的技术说明外，还应结合屋架的跨度（长度），做整体或按节点分段进行拼装。

4）屋架拼装一定要注意平台的水平度，若平台不平，可在拼装前用仪器或拉粉线调整垫平，否则拼装成的屋架，在上下弦及中间位置产生侧向弯曲。

5）对特殊动力厂房屋架，为适应生产性质的要求强度，一般不采用焊接而用铆接。上述仿效复制拼装法具有效率高、质量好、便于组织流水作业等优点。因此，对于截面对称的钢结构，如梁、柱和框架等都可应用。

5.2.4　托架拼装

托架拼装有平装和立拼两种方法。

1. 平装

托架拼装时，应搭设简易钢平台或枕木支墩平台，如图 5-27 所示，进行找平放线。在托架四周设定位角钢或钢挡板，将两半榀托架吊到平台上，拼缝处装上安装螺栓，检查并找正托架的跨距和起拱值，安上拼接处连接角钢。用卡具将托架和定位钢板卡紧，拧紧螺栓并对拼装焊缝施焊。施焊时，要求对称进行，焊完一面，检查并纠正变形，用木杆二道加固，然后将托架吊起翻身，再同法焊另一面焊缝，符合设计和规范要求，方可加固、扶直和起吊就位。

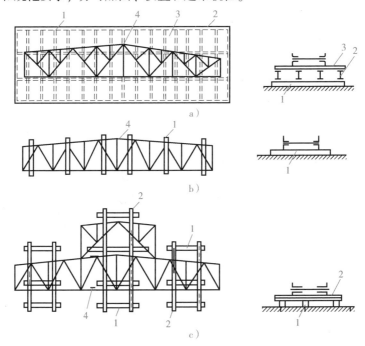

图 5-27　天窗架平拼装

a）简易钢平台拼装　b）枕木平台拼装　c）钢木混合平台拼装

1—枕木　2—工字钢　3—钢板　4—拼接点

2. 立拼

托架拼装时，采用人字架稳住托架进行合缝，校正调整好跨距、垂直度、侧向弯曲和拱度后，安装节点拼接角钢，并用卡具和钢楔使其与上下弦角钢卡紧。复查后，用电焊进行定位焊，并按先后顺序进行对称焊接，直至达到要求为止。当托架平行并紧靠柱列排放时，可以 3~4 榀为一组进行立拼装，用方木将托架与柱子连接稳定。

5.3　钢构件对接

钢结构工程常用角钢和槽钢，在一般受力不大的钢结构工程上，它们各自的接头方式采用直缝相接，如图 5-28a 和图 5-28c 所示。特殊要求的钢结构工程，根据设计要求有时按 45°~60° 斜接，如图 5-28b 和图 5-28d 所示。

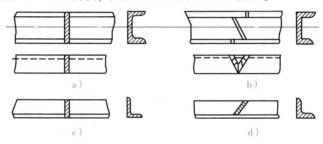

图 5-28　型钢接头示意图

a）槽钢直缝相接　b）槽钢斜接　c）角钢直缝相接　d）角钢斜接

从两种型钢接头的形式和受力强度比较，直接低于斜接。因为一般焊接金属选用焊条的强度大于被焊金属的基本强度。故焊缝长度增加，其强度也随之增加。

5.3.1　型钢加固对接

1）角钢加固连接。角钢用覆盖板的连接方法如图 5-29 所示。

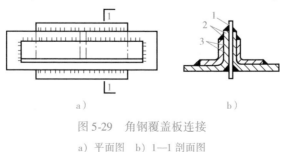

图 5-29　角钢覆盖板连接

a）平面图　b）1—1 剖面图

1—夹板　2—连接角钢　3—加固角钢

2）工字钢、槽钢盖板连接。工字钢及槽钢的对接点处用盖板内外加固连接如图 5-30 所示。

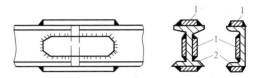

图 5-30　工字钢、槽钢接头加固连接
1—盖板　2—型钢

3）盖板连接。在特殊钢结构工程的钢板连接时，如对接不能达到强度要求，搭接又不允许的情况下，常在同厚度两板对接处采用盖板连接。盖板连接形式有单面和双面连接。如图 5-31 所示为单面加固连接，连接时，两板先加工成 V 形坡口进行焊接，焊肉不能超过钢板的上平面，焊后清除焊渣，焊上加固盖板。

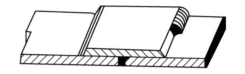

图 5-31　钢板对接盖板加固

4）顶板连接。型钢顶板连接一般用在钢柱的顶端盖板、柱底座板结构上，如图 5-32 所示。

5）套管连接。套管连接如图 5-33 所示，多用在管道工程和承架钢管的结构架上，两种套管结构的连接形式都有加强对接强度的作用。

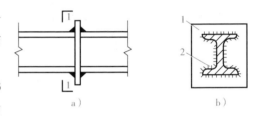

图 5-32　型钢顶板连接
a）立面图　b）1—1 剖面图

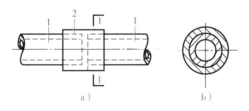

图 5-33　套管连接
a）立面图　b）1—1 剖面图
1—对接钢管　2—套管

5.3.2　桁架结构

桁架是由杆件组成的几何不变体，既可作为独立的结构，又可作为结构体系的一个单元发挥承载作用。广义的桁架所对应的工程范围很广。

（1）桁架外形　三角形桁架通常用于坡度较大的屋架。降雪量大、雨水量大而集中的地区建造房屋的屋盖较多采用这种形式；有单侧均匀充足采光要求的工业厂房屋盖和有较大悬挑的雨篷等也采用这种形式，如图 5-34 所示。

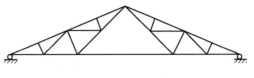

图 5-34　三角形平面桁架

（2）桁架分类　桁架有平面桁架和空间桁架之分。如图 5-35a 是典型的平面桁架，图 5-35b 是跨度较大时采用的一种屋架或檩条形式，具有空间桁架的特征。

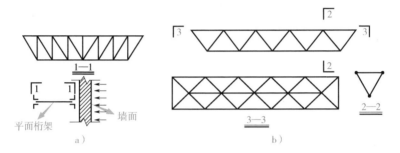

图 5-35　桁架结构

a）水平桁架　b）空间桁架

（3）桁架连接　在工厂制作时，桁架的弦杆是连续的。当钢材长度不够，或选用的截面有变化时，经过拼接接头的过渡，整体上还是连续的。桁架的竖腹杆、斜腹杆和弦杆之间的连接如图 5-36 所示。

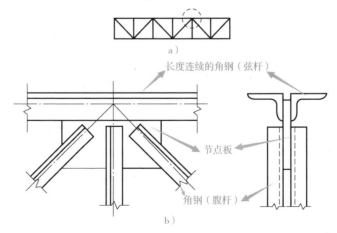

图 5-36　桁架杆件采用节点板与不采用节点板的连接方式

a）节点部位　b）节点板连接方式

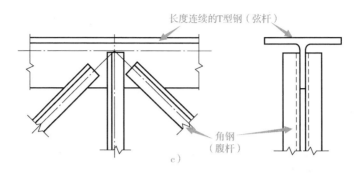

图 5-36 桁架杆件采用节点板与不采用节点板的连接方式（续）

c）无节点板连接方式

5.3.3 型钢混合连接

在钢结构工程中，型钢结构连接形式多种多样，如角钢、槽钢、工字钢等互相连接。型钢连接的形式如图 5-37 所示。

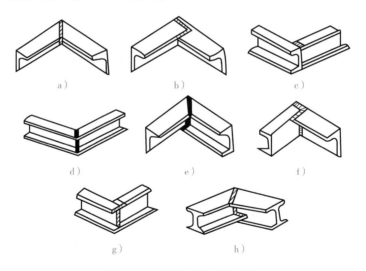

图 5-37 型钢连接形式示意图

a）同规格角钢角接平面斜焊缝　b）同规格角钢角接平面直焊缝

c）槽钢与工字钢不开口角接　d）槽钢上下翼板开斜口角接

e）角钢与槽钢翼板开斜口角接　f）槽钢与角钢开直口角接

g）同规格槽钢直口角接　h）不等高的工字钢综合焊缝角接

5.4 钢构件预拼装变形预防和矫正

5.4.1 拼装变形预防

拼装时应选择合理的装配顺序，一般原则是先将整体构件适当地分成几个部件，分别进行小单元部件的拼装，然后将这些拼装和焊完的部件予以矫正后，再拼成大单元整体。这样某些不对称或收缩大的构件焊缝能自由收缩和进行矫正，而不影响整体结构的变形。

拼装时，应注意下列事项：

1）拼装前，应按设计图的规定尺寸，认真检查拼装零件的尺寸是否正确。

2）拼装底样的尺寸一定要符合拼装半成品构件的尺寸要求，构件焊接点的收缩量应接近焊后实际变化尺寸要求。

3）拼装时，为避免构件在拼装过程中产生过大的应力变形，应使零件的规格或形状均符合规定的尺寸和样板要求。同时在拼装时不应采用较大的外力强制组对，避免构件焊后产生过大的拘束应力而发生变形。

4）构件组装时，为使焊接接头均匀受热以消除应力和减少变形，应做到对接间隙、坡口角度、搭接长度和 T 形贴角连接的尺寸正确，其形状和尺寸的要求应按设计及确保质量的经验做法进行。

5）坡口加工的形式、角度、尺寸应按设计施工图要求进行。

5.4.2 变形矫正

1. 变形矫正的顺序

当零件组成的构件变形较为复杂，并具有一定的结构刚度时，可按下列顺序进行矫正：

1）先矫正总体变形，后矫正局部变形。

2）先矫正主要变形，后矫正次要变形。

3）先矫正下部变形，后矫正上部变形。

4）先矫正主体构件，后矫正副件。

2. 变形矫正的方法

当钢构件发生弯曲或扭曲变形超过设计规定的范围时，必须进行矫正。常用的矫正方法有机械矫正法、火焰矫正法或混合矫正法等。

（1）机械矫正　机械矫正法主要采用顶弯机、压力机矫正弯曲构件，亦可利用固定的反力架、液压式或螺旋式千斤顶等小型机械工具顶压矫正构件的变形。矫正时，将构件变形部位放在两支撑的空间处，对准凸出处加压，即可调直变形的构件。

（2）火焰矫正　条形钢结构变形主要采用火焰矫正。其特点是时间短、收缩量大，其水平收缩方向是沿着弯曲的一面按水平对应收缩后产生新的变形来矫正已发生的变形，如图5-38所示。

1）采用加热三角形法加热三角形矫正弯曲的构件时，应根据其变形方向来确定加热三角形的位置，如图5-38所示。

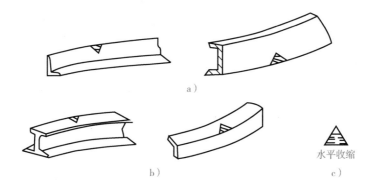

图5-38　型钢火焰矫正加热方向

a）上下弯曲加热　b）左右弯曲加热　c）三角形加热后收缩方向

①上下弯曲，加热三角形在立面，如图5-34a所示。

②左右方向弯曲，加热三角形在平面，如图5-34b所示。

③加热三角形的顶点位置应在弯曲构件的凹面一侧，三角形的底边应在弯曲的凸面一侧。

2）加热三角形的数量多少应按构件变形的程度来确定：构件变形的弯矩大，则加热三角形的数量要多，间距要近。构件变形的弯矩小，则加热三角形的数量要少，间距要远。一般对5m以上长度的、截面面积$100\sim300mm^2$的型钢件用火焰（三角形）矫正的，加热三角形的相邻中心距为$500\sim800mm$，每个三角形的底边宽由变形程度来确定，一般应在$80\sim150mm$范围内，如图5-39所示。

3）加热三角形的高度和底边宽度一般是型钢高度的$1/5\sim2/3$，加热温度在$700\sim800℃$，不得以超过$900℃$的正火温度加热。矫正的构件材料若是低合金结构

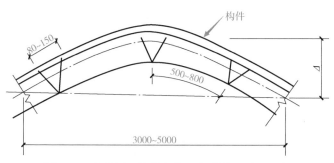

图 5-39　火焰矫正构件加热三角形的尺寸和距离

Δ—构件弯曲度

钢时，矫正后必须缓慢冷却，必要时可用绝热材料加以覆盖保护，以免增加硬化组织，发生脆裂等缺陷。

（3）构件混合矫正　钢结构混合矫正法是依靠综合作用矫正构件的变形。

1）当变形构件符合下列情况之一者，应采用混合矫正法：①构件变形的程度较严重，并兼有死弯；②变形构件截面尺寸较大，矫正设备能力不足；③构件变形形状复杂；④构件变形方向具有两个及两个以上的不同方向；⑤用单一矫正方法不能矫正变形构件，均采用混合矫正法进行。

2）箱形梁构件扭曲矫正方法：矫正箱形梁扭曲时，应将其底面固定在平台上，因其刚性较大，需在梁中间位置的两个侧面及上平面，用 2～3 只大型烤把同时进行火焰加热，加热宽度约 30～40mm，并用牵拉工具逆着扭曲方向的对角方向施加外力 P，在加热与牵引综合作用下，能将扭曲矫正，如图 5-40 所示。

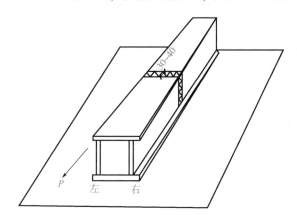

图 5-40　箱形梁的扭曲变形矫正

箱形梁的扭曲被矫正后，可能会产生上拱或侧弯的新变形。对上拱变形的矫正，可在上拱处由最高点向两端用加热三角形方法矫正。侧弯矫正时除用加热三角形法单一矫正外，还可边加热边用千斤顶进行矫正。

5.5　钢构件组装与预拼装施工质量验收

5.5.1　钢构件组装质量验收标准

本节适用于钢结构制作中心构件组装的质量验收。钢构件组装工程可按钢结构制作工程检验批的划分原则划分为一个或若干个检验批。

1. 主控项目检验

钢构件组装工程主控项目检验标准应符合表5-2的规定。

表5-2　主控项目检验标准

序号	项目	质量检验标准	检查数量	检验方法
1	吊车梁（桁架）	吊车梁和吊车桁架不应下挠	全数检查	构件直立，在两端支承后
2	端部铣平精度	端部铣平面允许偏差应符合表5-3规定	用钢尺、角尺、塞尺等检查	按铣平面的数量抽查总数量的10%，并且应不少于3个
3	钢构件外形尺寸	钢构件外形尺寸主控项目的允许偏差符合表5-4的规定	全数检查	用钢尺检查

表5-3　端部铣平面允许偏差　　　（单位：mm）

项目	两端铣平时构件长度	两端铣平时零件长度	铣平面的平面度	铣平面对轴线的垂直度
允许偏差	±2.0	±0.5	0.3	1/1500

表5-4　钢构件外形尺寸主控项目的允许偏差　　　（单位：mm）

项目	允许偏差
单层柱、梁、桁架受力支托（支承面）表面至第一个安装孔距离	±1.0
多节柱铣平面至第一个安装孔距离	±1.0
实腹梁两端最外侧安装孔距离	±3.0
构件连接处的截面几何尺寸	±3.0
柱、梁连接处的腹板中心线偏移	2.0
受压构件（杆件）弯曲矢高	1/1000，且不应大于10.0

2. 一般项目检验

钢构件组装工程一般项目检验标准应符合表 5-5 的规定。

表 5-5　钢构件组装工程一般项目检验标准

序号	项目	质量验收标准	检查数量	检验方法
1	焊接 H 型钢接缝	焊接 H 型钢的翼缘板拼接缝和腹板拼接缝的间距应不小于 200mm。翼缘板拼接长度应不小于 2 倍板宽；腹板拼接宽度应不小于 300mm，长度应不小于 600mm	全数检查	观察和用钢尺检查
2	焊接 H 型钢精度	焊接 H 型钢的允许偏差应符合表 5-6 的规定	按钢构件数抽查 10%，且应不少于 3 件	用钢尺、角尺、塞尺等检查
3	组装精度	焊接连接制作组装的允许偏差应符合表 5-7 的规定	按构件数抽查 10%，且应不少于 3 个	用钢尺检验
4	顶紧接触面	顶紧接触面应有 75% 以上的面积紧贴	按接触面的数量抽查 10%，且应不少于 10 个	用 0.3mm 塞尺检查，其塞入面积应小于 25%，边缘间隙应不大于 0.8mm
5	轴线交点错位	桁架结构杆件轴线交点错位的允许偏差不得大于 3.0mm，允许偏差不得大于 4.0mm	按构件数抽查 10%，且应不少于 3 个，每个抽查 构件按节点数抽查 10%，且应不少于 3 个节点	尺量检查
6	焊缝坡口精度	安装焊缝坡口的允许偏差应符合表 5-8 的规定	按坡口数量抽查 10%，且应不少于 3 条	用焊缝量规检查
7	铣平面保护	外露铣平面应防锈保护	全数检查	观察
8	钢构件外形尺寸	钢构件外形尺寸一般项目的允许偏差应符合表 5-9 ~ 表 5-15 的规定	按构件数量抽查 10%，且应不少于 3 件	见表 5-9 ~ 表 5-15

表 5-6　焊接 H 型钢的允许偏差　　　　　　（单位：mm）

项目		允许偏差	图例
截面高度 h	$h < 500$	±2.0	
	$500 < h < 1000$	±3.0	
	$h > 1000$	±4.0	
截面宽度 b		±3.0	

（续）

项目	允许偏差	图例
腹板中心偏移	2.0	
翼缘板垂直度 Δ	$b/100$，且不应大于 3.0	
弯曲矢高 （受压构件除外）	$l/1000$，且不应大于 10.0	—
扭曲	$h/250$，不应大于 5.0	—

腹板局部平面度 f	$t < 14$	3.0	
	$t \geqslant 14$	2.0	

表 5-7　焊接连接制作组装的允许偏差　　　　（单位：mm）

项目	允许偏差	图例
对口错边	$t/10$，且不应大于 3.0	
间隙 α	± 1.0	

（续）

项目		允许偏差	图例
搭接长度 a		±5.0	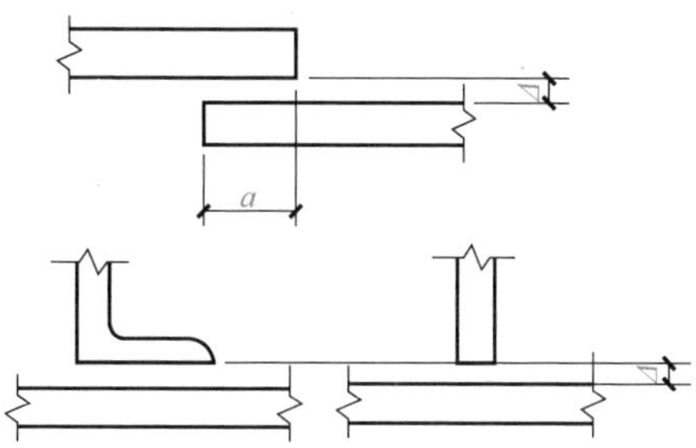
缝隙 Δ		1.5	
高度 h		±2.0	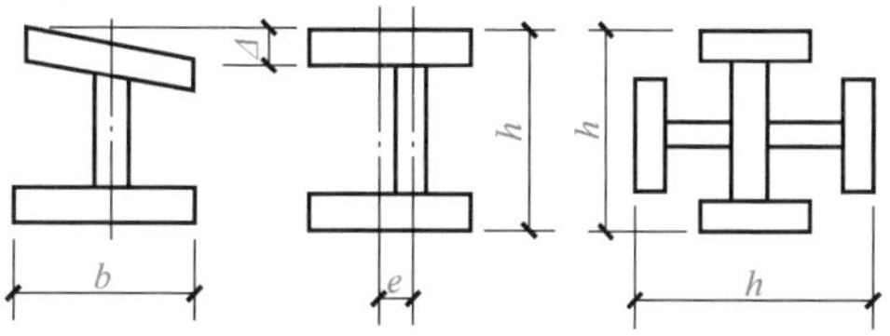
垂直度 Δ		b/100，且不应大于 3.0	
中心偏移 e		±2.0	
型钢错位	连接处	1.0	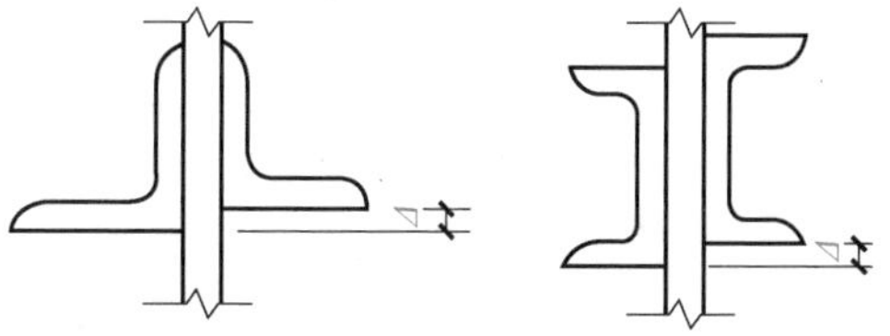
	其他处	2.0	
箱形截面高度 h		±2.0	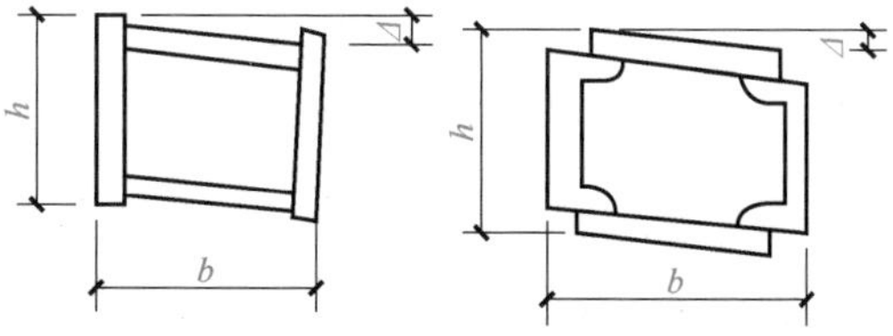
宽度 b		±2.0	
垂直度 Δ		b/200，且不应大于 3.0	

表 5-8　安装焊缝坡口的允许偏差

项目	允许偏差
坡口角度	±5°
钝边	±1.0mm

表 5-9　单层钢柱外形尺寸的允许偏差　　　　　（单位：mm）

项目		允许偏差	检验方法	图例
柱底面到柱端与桁架连接的最上一个安装孔距离 l		$\pm l/1500$ ± 15.0	用钢尺检查	
柱底面到牛腿支承面距离 l_1		$\pm l/2000$ ± 8.0		
牛腿面的翘曲 Δ		2.0		
柱身弯曲矢高		$H/1200$，且应大于 12.0	用拉线、直角尺和钢尺检查	
柱身扭曲	牛腿处	3.0	用拉线、吊线和钢尺检查	
	其他处	8.0		—
主截面几何尺寸	连接处	± 3.0	用钢尺检查	
	非连接处	± 4.0		
翼缘板对腹板的垂直度	连接处	1.5	用直角尺和钢尺检查	
	其他处	$b/100$，且不应大于 5.0		
柱脚底板平面度		5.0	用 1m 直尺和塞尺检查	—
柱脚螺栓孔中心对柱轴线的距离		3.0	用钢尺检查	

表 5-10　多节钢柱外形尺寸的允许偏差　　　　（单位：mm）

项目		允许偏差	检验方法	图例
一节柱高度 H		±3.0	用钢尺检查	
两端最外侧安装孔距离 l_3		±2.0		
铣平面到第一个安装孔距离 a		±1.0		
柱身弯曲矢高 f		$H/100$，且不应大于 5.0	用拉线和钢尺检查	
一节柱的柱身扭曲		$h/250$，且不应大于 5.0	用拉线、吊线和钢尺检查	
牛腿端孔到柱轴线距离 l_2		±3.0	用钢尺检查	
牛腿的翘曲或扭曲 Δ	$l_2 \leqslant 1000$	2.0	用拉线、直角尺和钢尺检查	
	$l_2 > 1000$	3.0		
柱截面尺寸	连接处	±3.0	用钢尺检查	
	非连接处	±4.0		
柱脚底板平面度		5.0	用直尺和塞尺检查	
翼缘板对腹板的垂直度	连接处	1.5	用直角尺和钢尺检查	
	其他处	$b/100$，且不应大于 5.0		
柱脚螺栓孔对柱轴线的距离 a		3.0		
箱形截面连接处对角线差		3.0	用钢尺检查	

（续）

项目	允许偏差	检验方法	图例
箱形柱身板垂直度	$h(b)/150$，且不应大于5.0	用直角尺和钢尺检查	

表 5-11　焊接实腹钢梁外形尺寸的允许偏差

项目		允许偏差	检验方法	图例
梁长度 l	端部有凸缘支座板	0 −5.0	用钢尺检查	
	其他形式	±$l/2500$ ±10.0		
端部高度 h	$h \leqslant 2000$	±2.0		
	$h > 2000$	±3.0		
拱度	设计要求起拱	±$l/1500$	用拉线和钢尺检查	
	设计未要求起拱	10.0 −5.0		
侧弯矢高		$l/2000$，且不应大于10.0		
扭曲		$h/250$，且不应大于10.0	用拉线、吊线和钢尺检查	
腹板局部平面度	$t \leqslant 14$	5.0	用1m直角和塞尺检查	
	$t > 14$	4.0		
翼缘板对腹板的垂直度		$b/2000$，且不应大于3.0	用直角尺和钢尺检查	—
吊车梁上翼缘与轨道接触面平面度		1.0	用200mm、1m直尺和塞尺检查	—

（续）

项目		允许偏差	检验方法	图例
箱形截面对角线差		5.0	用钢尺检查	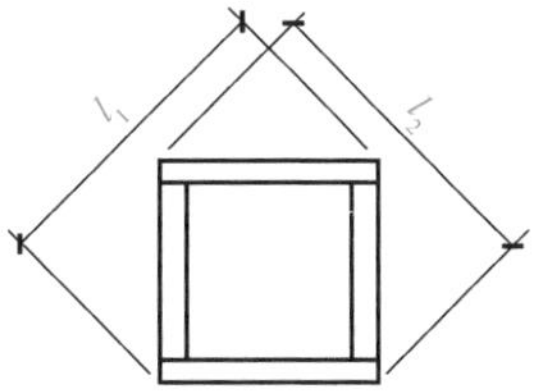
箱形截面两腹板至翼缘板中心线距离 a	连接处	1.0		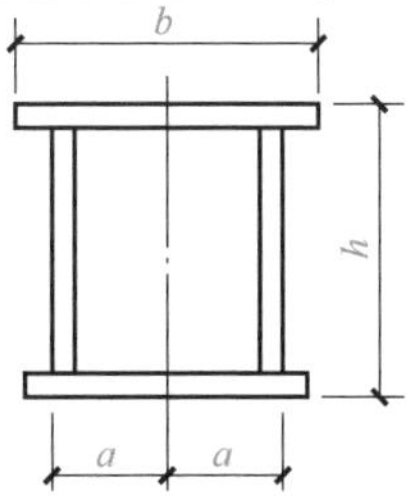
	其他处	1.5		
梁端板的平面度（只允许凹进）		$b/500$，且不大于 2.0	用直角尺和钢尺检查	—
梁端板与腹板的垂直度		$b/500$，且不应大于 2.0	用直角尺和钢尺检查	—

表 5-12　钢桁架外形尺寸的允许偏差

项目		允许偏差	检验方法	图例
桁架最外端两个孔或两端支承面最外侧距离	$l \leqslant 24m$	+3.0 −7.0	用钢尺检查	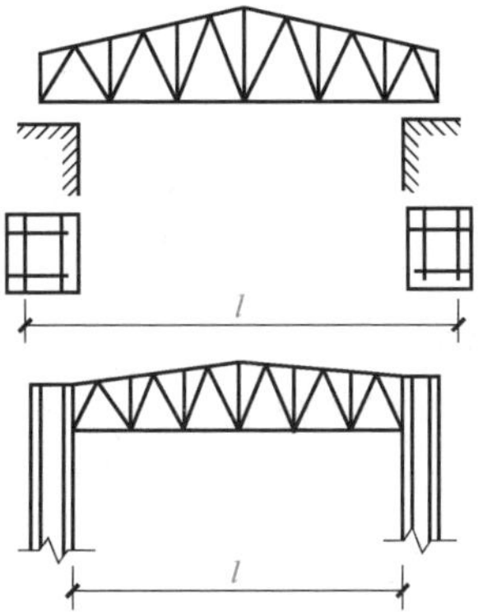
	$l > 24m$	+5.0 −10.0		
桁架跨中高度		±10.0		
桁架跨中拱度	设计要求起拱	$\pm l/5000$		
	设计未要求起拱	10.0 −5.0		
相邻节间弦杆弯曲（受压除外）		$l_1/1000$		

（续）

项目	允许偏差	检验方法	图例
支承面到第一个安装孔距离 a	±1.0	用钢尺检查	铣平顶紧支承面
檩条连接支座间距	±5.0		

表 5-13　墙架、檩条、支撑系统钢构件外形尺寸允许的偏差

（单位：mm）

项目	允许偏差	检验方法
构件长度 l	±4.0	用钢尺检查
构件两端最外侧安装孔距离 l_1	±3.0	用拉线和钢尺检查
构件弯曲矢高	$l/1000$，且应不大于 10.0	
截面尺寸	+5.0；−2.0	用钢尺检查

表 5-14　焊接实腹钢梁外形尺寸的允许偏差

项目	允许偏差	检验方法	图例
直径 d	±$d/500$　±5.0	用钢尺检查	
构件长度 l	±3.0		
管口圆度	$d/500$，且不应大于 5.0		
管面对管轴的垂直度	$d/500$，且不应大于 3.0	用焊缝量规检查	
弯曲矢高	$l/1500$，且不应大于 5.0	用拉线、吊线和钢尺检查	
对口错边	$t/10$，且不应大于 3.0	用拉线和钢尺检查	

表 5-15　钢平台、钢梯和防护钢栏杆外形尺寸的允许偏差　(单位：mm)

项目	允许偏差	检验方法	图例
平台长度和宽度	±5.0	用钢尺检查	
平台两对角线差 $\lvert l_1 - l_2 \rvert$	6.0		
平台支柱高度	±3.0		
平台支柱弯曲矢高	5.0	用拉线和钢尺检查	
平台表面平面度 (1m 范围内)	6.0	用 1m 直尺和塞尺检查	
梯梁长度 l	±5.0	用钢尺检查	
钢梯宽度 b	±5.0		
钢梯安装孔距离 a	±3.0		
钢梯纵向挠曲矢高	$l/1000$	用拉线和钢尺检查	
踏步 (棍) 间距	±5.0	用钢尺检查	
栏杆高度	±5.0		
栏杆立柱间距	±10.0		

5.5.2　钢构件预拼装质量验收标准

钢构件预拼装工程可按钢结构制作工程检验批的划分原则划分为一个或若干个检验批。

由于受运输、起吊等条件限制，为了检验构件制作的整体性，由设计规定或合同要求在出厂前进行工厂拼装。预拼装均在工厂支承凳 (平台) 进行，因此对所用的支承凳或平台应测量找平，且在预拼装时不应使用大锤锤击，检查时应拆除全部临时固定和拉紧装置。

1. 主控项目检验

钢构件预拼装工程主控项目检验标准见表5-16。

表 5-16　钢构件预拼装主控项目检验标准

项目	质量验收标准	检验数量	检验方法
多层板叠螺栓孔	高强度螺栓和普通螺栓连接的多层板叠，应采用试孔器进行检查，并应符合下列规定： （1）当采用比孔公称直径小 1.0mm 的试孔器检查时，每组孔的通过率应不小于85% （2）当采用比螺栓公称直径大 0.3mm 的试孔器检查时，通过率应为100%	按预拼装单元全数检查	采用试孔器检查

2. 一般项目检验

钢构件预拼装工程一般项目检验标准见表5-17。

表 5-17　钢构件预拼装一般项目检验标准

项目	质量验收标准	检验数量	检验方法
预拼装精度	预拼装的允许偏差应符合表5-18 的规定	按预拼装单元全数检查	见表5-8

表 5-18　钢构件预拼装允许的偏差　　　　　（单位：mm）

构件类型	项目		允许偏差	检验方法
多节柱	预拼装单元总长		±5.0	用钢尺检查
	预拼装单元弯曲矢高		$l/1500$，且应不大于10.0	用拉线和钢尺检查
	接口错边		2.0	用焊缝量规检查
	预拼装单元柱身扭曲		$h/1500$，且应不大于5.0	用拉线、吊线和钢尺检查
	预紧面至任一牛腿距离		±2.0	
梁、桁架	跨度最外两端安装孔或两端支承面最外侧距离		+5.0 −10.0	用钢尺检查
	接口截面错位		2.0	用焊缝量规检查
	拱度	设计要求起拱	±$l/5000$	用拉线和钢尺检查
		设计未要求起拱	$l/2000$ 0	
	节点处杆件轴线错位		4.0	划线后用钢尺检查
管构件	预拼装单元总长		±5.0	用钢尺检查
	预拼装单元弯曲矢高		$l/1500$，且应不大于10.0	用拉线和钢尺检查
	对口错边		$t/1500$，且应不大于3.0	用焊缝量规检查
	坡口间隙		+2.0 −1.0	

（续）

构件类型	项目	允许偏差	检验方法
构件平面总体预拼装	各楼层柱距	±4.0	用钢尺检查
	相邻楼层梁与梁之间距离	±3.0	
	各层间框架两对角之差	$H/1500$，且应不大于 5.0	
	任意两对角线之差	$\Sigma H/2000$，且应不大于 8.0	

第6章 钢结构安装施工

6.1 基础和预埋件施工

6.1.1 基础施工

1. 施工前准备及人员管理

1）组织技术人员编制钢结构安装的施工组织设计。

2）做好施工前的劳动力部署计划及机械设备的配套计划。

3）做好材料进场的计划，确认交通是否畅通。

4）临时设施的布置。

5）做好与土建方的交接手续，积极配合，互相沟通。

2. 施工放线

在条件允许施工时进行施工测量放线。

1）按照设计要求，对照图纸配合土建单位将标高、轴线核对准确。

2）施工前用经纬仪或水准仪复核轴线、标高，用记号笔或墨线做上记号，注明标高，并做好记录。

3）确定每个钢柱在基础混凝土上的连接面边线及轴线。

4）尽量避免钢柱与螺栓的碰撞，避免柱底变形，减少与基础的接触面及螺栓的弯曲变形，以免造成不必要的损耗。

5）在施工放线过程中应当注意误差，在放线过程中尽量用经纬线，如遇大风天气，停止放线。由于施工水平的不同，每次放线都会有误差，为了减小误差，应先对两边山墙进行放线，然后用钢尺量，如果山墙线和图纸有误差，说明实体与图纸不符。在不符的情况下，要及时纠正，将误差减小到最小，尽量控制在 2mm 之内。

3. 基础预埋

1）在基础混凝土浇筑之前，要仔细核对螺栓的大小、长度、高程及位置，并固定好预埋螺栓。

2）混凝土浇筑前应将螺栓螺纹用塑料薄膜包住，以免混凝土浇捣时对螺栓螺纹造成污染。

3）浇筑混凝土时应派专业人员值班，减少混凝土浇筑时对螺栓定位的影响，避免预埋件的位移及标高的改变。

4）混凝土浇筑完后，应及时清理螺栓及螺纹上的残留混凝土。

4. 材料加工及制作

（1）下料　下料工序为材料检验部分，主要包括对工程选用的型号、规格及材料的质量检查；质量检测标准应符合设计要求及国家现行标准规定；下料的检验方法：检查钢材质量证明书和复试报告，用钢卷尺、卡尺检查型号、规格。

（2）放样　放样、画线时应清楚地标明装配标注、螺孔标记，加强板的位置方向，倾斜标记线及中心线，必要时制作样板；注意预留制作、安装时的焊接收缩余量，切割包边和铣加工余量，安装预留尺寸要求；画线前材料的弯曲、变形应予以矫正；放样和样板的允许偏差为：平等线距离和分段尺寸为 0.5mm，对角线宽度为 1.0mm、长度为 0.5mm，孔距为 0.5mm，样板角度为 20°；质量检验方法用钢尺检测。

（3）下料　钢板下料尽量采用数控多头切割机下料，必要时可采用普通切割机或氧割，但下料前应将切割表面的铁锈、污物清除干净，以保持切割件的干净、平整，切割后清除熔渣和飞溅物，操作人员熟练掌握机械设备、使用方法和操作规程，调整设备参数到最佳值。质量检验标准：切割时的允许偏差为 2mm；钢材剪切面或切割面应无裂纹、夹渣和分层。质量检验方法：目测或钢尺检查。

（4）焊接　焊接钢柱、钢梁采用自动埋弧焊进行焊接，柱梁连接板、加肋板采用手工焊接；引弧板应与母材材质相同，焊接坡口形式相同，长度应符合标准的规定。

（5）除锈　除锈采用专用除锈设备，进行抛射除锈可以提高钢材的疲劳强度和抗腐蚀能力。经除锈后的钢材表面，用毛刷等工具清扫干净，才能进行下道工序，除锈合格后的钢材表面，如在涂底漆前已返锈应重新除锈。

（6）油漆　钢材除锈经检查合格后，在表面涂上第一道漆，油漆应按设计要求配套使用，第一面底漆干后再涂上中间漆和面漆，保证涂层厚度达到设计要求。在涂刷过程中应均匀，不流坠。

（7）验收　钢材出厂前应提交的资料包括：产品合格证，设计图和设计文件，制作过程技术问题处理的协议文件，钢材、连接材料和油漆的质量证明书和试验报告，焊缝检测记录资料，油漆检测资料，主要构件运输记录，构件发运清单资料。

5. 钢结构安装

1）施工机械、机具每天使用前例行检查，特别是钢丝绳、安全带每周还应进行一次性能检查，确保完好。

2）安装过程中应考虑到现场机具、设备、已完成工程的安全防护。当风速为10m/s时，吊装工作应该停止，当风速达到15m/s时，所有工作均须停止。

3）安装和搬运构件、板材时须戴好手套。

4）吊装时钢丝绳如出现断股、断钢丝和缠结要立即更换。

6.1.2 预埋件施工

1. 概述

预埋件包括钢骨柱底埋件、装饰柱埋件、椭球支座埋件、抗风柱埋件等，埋件数量、种类众多。但从总体形式来分，主要分为两类：锚栓式埋件和锚筋式埋件。锚栓式埋件主要由锚栓和支承板组成，如钢骨劲性柱底埋件。锚筋式埋件主要由锚筋和支承板组成，如装饰柱埋件。

2. 施工总体程序

为确保工程总体施工进度，钢结构预埋件的埋设工作紧随土建的钢筋绑扎工作进行，既要确保预埋件的埋设不受土建钢筋绑扎的影响，又要保证不延误土建混凝土浇筑的时间。

3. 施工工艺

锚栓式埋件的施工工艺如下：

（1）预埋件的测量放线和定位（测量放线及轴线定位均由土建方负责）　在各埋件平面布置图上，给出了预埋件中心点或者与预埋件相关的控制点的尺寸，在预埋件测量放线过程中，利用已经测量完成的控制网测量成果，对施工图中明确标明的坐标点进行放点。然后根据施工图上表示的预埋件同控制点的相对关系，设置预埋件的位置。

对于钢骨柱底埋件，首先根据钢骨柱底埋件平面布置图进行钢骨柱底埋件中心点的测量定位，并将测量点的位置在现场标示出来。然后根据测量点和劲性柱定位轴线方向，在混凝土保护层表面，采用油漆点明显标志确定每个锚栓垂直落点位置，并确保同一根劲性柱下的四个锚栓的连线交叉点与各根劲性柱的中心点相重叠。

（2）锚栓就位　锚栓就位应在钢筋绑扎完成后进行。施工时主要根据混凝土保护层上设置的定位点和画线布置锚栓。由于每个埋件需要布置四只锚栓，因此预埋时可制作钢板套模，以确保四只锚栓间的相对位置的准确性，待锚栓位置符合要求后应用钢筋将其固定。四只锚栓顶部设置对拉母线，母线交叉点通过重力铅锤线与底板保护层上的定位点进行对照，并初步调整该组锚栓的位置。对于锚栓未能直接落于保护层上的，必须在每组锚栓下设置支撑，以保证锚栓的顶部标高。

在设置支撑时，应当充分利用混凝土板钢筋绑扎时所必须设置的支撑马凳，当不能借用混凝土钢筋的支撑马凳时，应在锚栓下部设置支撑垫块或和柱箍筋点焊连接。

6.2　钢构件吊装

1. 钢柱的吊装

（1）吊点的选择　吊点位置及吊点的数量，根据钢柱的形状、断面、长度、重量、起重机的起重性能等具体情况确定。一般钢柱弹性较好，吊点采用一点起吊，吊耳放置在柱顶处，柱身垂直、易于对线校正。由于通过柱的重心位置，受到起重臂的长度限制，吊点也可设置在柱的 1/3 处，由于起吊时钢柱倾斜，对线校正比较困难。对于长细钢柱，为防止钢柱变形，可采用二点或三点起吊。

（2）起吊方法　根据起重设备和现场条件确定，可用单机、二机、三机吊装等。

1）旋转法。钢柱运输到现场，起重机边起钩边回转边使柱子绕柱脚旋转而将钢柱吊起。注意起吊时应在柱脚下面放置垫木，以防止与地面发生摩擦，同时保证吊点、柱脚基础同在起重机吊杆回旋的圆弧上。

2）滑行法。单机或双机抬吊钢柱，起重机只起钩，使钢柱柱脚滑行而将钢柱吊起，在钢柱与地面之间铺设滑行道。

3）递送法。双机或三机抬吊，为减小钢柱脚与地面的摩阻力，其中一台为副机，吊点选择在钢柱下面，起吊柱时配合主机起钩，随着主机的起吊，副机要行走或回转，在递送过程中，副机承担了一部分荷载重，将钢柱脚递送到钢柱基础上面，副机摘钩，卸掉荷载，此刻主机满载，将钢柱就位。

2. 钢梁的吊装

（1）吊点的选择　钢梁在吊装前应仔细计算钢梁的重心，并在构件上做出明确的标识，吊装时吊点的选择应保证吊钩与构件的中心线在同一铅垂线上。对于跨度大的梁，由于侧向刚度小，腹板宽厚比大的构件，要防止构件扭曲和损坏；如果采用双机抬吊，必要时考虑在两机大钩中间拉一根钢丝绳，在起钩时两机距离固定，防止互相拉动。

（2）屋面梁的起吊　屋面梁的特点是跨度大（即构件长）、侧向刚度很小，为了确保质量、安全、提高生产效率，降低劳动强度，根据现场条件和起重设备能力，最大限度地扩大地面拼装工作量，将地面组装好的屋面梁吊起就位，并与柱连接。可选用单机两点或三点起吊或用铁扁担，以减小索具对梁的压力。

3. 吊装施工安全要求

1）遵守现场安全的各项管理规定，进入现场必须戴好安全帽，严禁吸烟。

2）构件堆放、电焊机排列整齐有序，备用的氧气、乙炔瓶放入专用笼子内，分开放置。

3）现场设置安全员、防火员。

4）保持现场卫生。

5）现场所有施工人员服从指挥，言行文明。

6）构件运输时、装车时用大垫木（10cm×10cm 木方）将构件垫稳，并用 2t 倒链前后两道封牢。装车后，整体高度小于 4m。

7）行驶速度≤40 公里/小时，转弯或路面不平处≤20 公里/小时。

8）构件与钢丝绳接触处采用胶皮。

9）装车后，摆放位置应居车中部，前、后用 2t 倒链封牢，所有构件在运输过程中要经常检查构件封车绳、倒链的情况，遇到问题及时处理。

10）超长的构件夜间运输，运输前要进行安全交底，在运输中要有专门的运输负责人，公司派专职安全员。运输车辆要安装示宽灯，要前有车开道，后有车押送，并要与交通部门协商好具体的时间和路线，以保证交通的畅通。

11）进入施工现场必须戴好安全帽，高空作业必须穿防滑鞋、系安全带，凡不适合高空作业的人员，不得从事高空作业。

12）施工用机具、索具施工前由工长带领有关人员进行检验，合格后方可使用。

13）四级风以上天气时禁止作业。

14）吊装作业人员作业中严格执行安全规程中十不吊规定，吊装前安全员应对作业人员进行安全教育。

15）吊装过程中，应待构件就位后再上前操作，解开构件的吊索时应将安全带系在牢固处，防止空中坠落。

16）吊装作业点距离高压线不得小于 2m，距低压线不得小于 1m，否则应采取措施后方可施工。

17）在同一垂直线上，严禁上、下同时施工。

18）高空作业中，各类工具、配件应装入工具袋内，严禁乱扔、乱抛以防坠物伤人。

19）构件就位应平稳，避免振动和摆动，待构件紧固后方可松开吊索具。

20）施工用氧气瓶、乙炔瓶必须距明火 10m 以上，两者相距 10m 以外，避免暴晒、烧烤，搬动时禁止碰撞，以防发生火灾。

21）要使用合格的电气设备，并且有专门的电工负责。

6.3 单层钢结构安装

6.3.1 钢柱安装

1. 一般规定

1）柱脚安装时，锚栓宜使用导入器或护套。

2）首节钢柱安装后应及时进行垂直度、标高和轴线位置校正，钢柱的垂直度可采用经纬仪或线坠测量；校正合格后钢柱应可靠固定，并进行柱底二次灌浆，灌浆前清除柱底板与基础面间的杂物。

3）首节以上的钢柱定位轴线应从地面控制轴线直接引上，不得从下层柱的轴线引上；钢柱校正垂直度时，应确定钢梁接头焊接的收缩量，并应预留焊缝收缩变形值。

4）倾斜钢柱可采用三维坐标测量法进行测校，也可采用柱顶投影点结合标高进行测校，校正合格后宜采用刚性支撑固定。

2. 钢柱吊装方法

常用的钢柱吊装法有旋转法、滑行法和递送法。重型工业厂房所用大型钢柱又重又长，根据起重机配备和现场条件确定，可采用单机、双机、三机等。

（1）旋转法 旋转法是使柱子下端的位置保持不动，上端以下端为旋转轴，随着起重钩的上升和起重臂的旋转而逐渐地升起，直到上端与下端处于同一垂直线为止，如图 6-1 所示。这时柱子只有一半的重量传至起重机，然后将柱子吊起旋转至基础上方，使柱脚对准杯口，缓缓落下就位。采用旋转法起吊时，柱子的绑扎点、柱子的下端中心和柱基的中心三点，必须在起重机为回转中心到吊点的距离为半径（即吊柱子的回转半径）的同一圆弧上（简称三点共弧）。该方法简单易行，多用于中小型柱子的吊装。

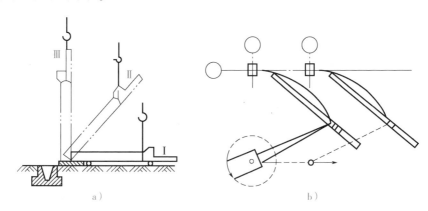

图 6-1　旋转法吊装柱子

a）旋转过程　b）平面布置

（2）滑行法　采用滑行法吊装柱子时，起重臂不做回转运动，起吊时，只是起升吊钩，带动柱顶上升，同时柱脚在水平力的作用下沿地面滑向杯口基础，直至吊钩将柱吊离地面，再旋转吊臂，将柱插入杯口。如图 6-2 所示。

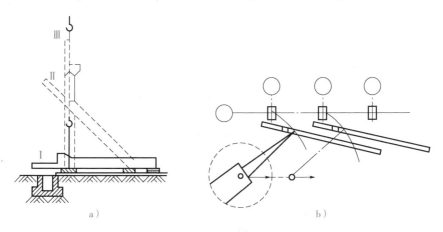

图 6-2　滑行法吊装柱子

a）滑行过程　b）平面布置

采用滑行法起吊，要求在预制或倒运就位柱子时，注意使起吊绑扎点（两点绑扎时为两绑扎点中间）布置在杯口附近，并使绑扎点和柱基中心同在起重机的工作半径内，以使柱吊离地面后稍转动起吊臂即可就位。另外，为减小柱脚与地面的摩擦阻力和构件的振动，柱脚下应设置滑橇。

（3）递送法　双机抬吊递送法又称两点抬吊法（双机的起吊点不在同一点上）。如图6-3所示为使用递送法起吊构件时的平面布置图，虚线和箭头表示起重机行走路线和前进方向。绑扎点的位置与基础中心线间的距离应按照事先计算好的位置来布置，即柱子的两个绑扎点与基础中心线应分别在两台起重机的回转半径内。

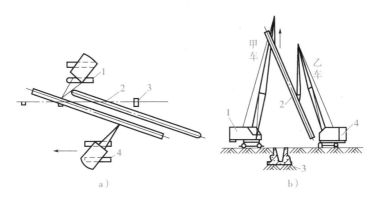

图6-3　双机抬吊递送法

a）平面布置　b）递送过程

1—主机　2—柱　3—基础　4—副机

3. 钢柱安装放线

钢柱安装前应设置标高观测点和中心线标志，同一工程的观测点和标志设置位置应一致。

（1）标高观测点的设置

1）标高观测点的设置以牛腿（肩梁）支承面为基准，设在柱的便于观测处。

2）无牛腿（肩梁）柱，应以柱顶端与屋面梁连接的最上一个安装孔中心为基准。

（2）中心线标志的设置

1）在柱底板上表面横向设1个中心标志，纵向两侧各设1个中心标志。

2）在柱身表面纵向和横向各设1个中心线，每条中心线在柱底部、中部（牛腿或肩梁部）和顶部各设1处中心标志。

3）双牛腿（肩梁）柱在行线方向两侧柱身表面分别设中心标志。

4. 柱子的就位与临时固定技巧

柱子就位是指将柱插入杯口并对准安装基准线的一道工序。如采用垂直吊法，柱脚插入杯口后，并不降至杯底，而是停在距杯底 30 ~ 50cm 处进行对位。对位的方法是用 8 只木楔或钢楔置于柱四面与杯口的空隙处，并配合撬棍撬动柱脚，使柱子的中心线与杯口上的安装中心线对齐，并使柱子基本垂直。

对位后，放松吊钩，将楔子略微"背紧"，使柱子靠自重降至杯底，然后再次检查安装中心线的对准情况，符合安装要求后，将楔块"背紧"，并将柱子临时固定，如图 6-4 所示，随即用石子将柱脚卡死，重型柱或细长柱应增设缆风绳将柱顶锚固住。如采用斜吊法，就位时需将柱子送入杯底（柱脚刚着底，但用撬杠能撬动），然后在柱的上风方向（吊钩侧）插入两个楔子，然后吊臂回转，使柱身基本垂直，再对准中线。

5. 垫铁垫放要求

为了使垫铁组平稳地传力给基础，应使垫铁面与基础面紧密贴合。因此，在垫放垫铁前，对不平的基础上表面采用工具进行凿平。采用垫铁校正垂直度和调整柱子标高时，需注意不同厚度垫铁或偏心垫铁的重叠数量不能多于 2 块，通常要求厚板在下面、薄板在上面。每块垫板要求伸出柱底板外 5 ~ 10mm，以备焊成一体，确保柱底板与基础板平稳牢固结合，如图 6-5 所示。

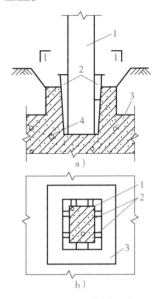

图 6-4 柱子临时固定
a）立面图 b）1—1 剖面图
1—柱 2—楔子 3—杯形基础

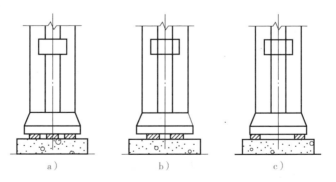

图 6-5 钢柱垫铁示意
a）正确 b）正确 c）不正确

此外，垫铁之间的距离要以柱底板的宽度为基准，要做到合理恰当，使柱体受力均匀，以避免柱底板局部压力过大产生变形。

6. 柱子的最后固定

钢柱在校正过程中需临时固定时，需要借助地脚螺栓、垫铁或垫块进行，不能进行灌浆操作。在钢柱校正工作完成后，应立即进行最终固定。

钢柱的固定方法有以下两种（主要与基础形式有关）：

1）基础上部预埋地脚螺栓固定，底部设钢垫板找平，然后进行二次灌浆，如图 6-6a 所示。对于预埋地脚螺栓固定的钢柱，需要在预留的二次浇筑层处支设模板，然后用强度等级高一级的无收缩水泥砂浆或细豆石混凝土进行二次浇筑。

2）插入杯口灌浆固定方式，如图 6-6b 所示。

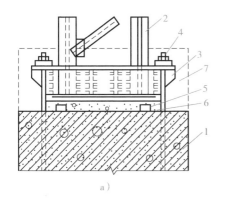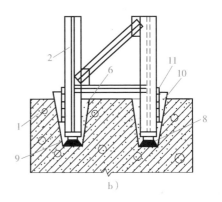

图 6-6　钢柱安装固定方法

a）用预埋地脚螺栓固定　b）用杯口二次灌浆固定

1—柱基础　2—钢柱　3—钢柱脚　4—地脚螺栓　5—钢垫板

6—二次灌浆细石混凝土　7—柱脚外包混凝土　8—砂浆局部粗找平

9—焊于柱脚上的小钢套墩　10—钢楔　11—35mm 厚硬木垫板

对于杯口式基础可直接灌浆，通常采用二次灌浆法。二次灌浆法有赶浆法和压浆法两种。赶浆法是在杯口一侧灌注强度等级高一级的无收缩砂浆或细豆石混凝土，用细振动棒振捣使砂浆从柱底另一侧挤出，待填满柱底周围约 10cm 高，接着在杯口四周均匀地灌注细石混凝土至杯口，如图 6-7a 所示。压浆法是于模板或杯口空隙内插入压浆管与排气管，先灌 20cm 高混凝土，并插捣密实，然后开始压浆，待混凝土被挤压上拱，停止顶压；再灌注 20cm 高混凝土顶压一次，即可拔出压浆管和排气管，继续灌筑混凝土至杯口，如图 6-7b 所示。压浆法适用于截面很大、垫板高度较薄的杯底灌浆。

　　然而需要注意的是：柱应随校正随灌浆，若当日校正的柱子未灌浆，次日应复核后再灌浆；灌浆时应将杯口间隙内的木屑等建筑垃圾清除干净，并用水充分湿润，使之能良好结合；捣固混凝土时，应严防碰动楔子而造成柱子倾斜。

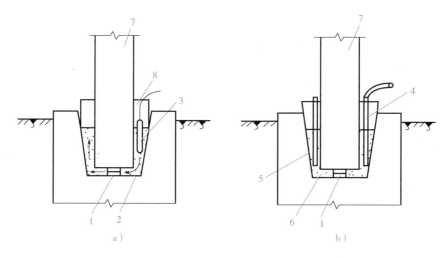

图 6-7　杯口柱二次灌浆方法

a）赶浆法　b）压浆法

1—钢垫板　2—细石混凝土　3—插入式振动器　4—压浆管
5—排气管　6—水泥砂浆　7—柱　8—钢楔

6.3.2　钢屋架、桁架和水平支撑安装

1. 钢屋架安装技巧

（1）钢屋架的吊装就位步骤

1）吊点位置的选择。钢屋架的绑扎点应选在屋架节点上，且左右对称于钢屋架的重心，否则应采取防止倾斜的措施。吊点位置尚应符合钢屋架标准图要求或经设计计算确定，如图 6-8 所示。

2）吊装就位。当屋架起吊离地 50cm 时，检查无误后再继续起吊，对准屋架基座中心线与定位轴

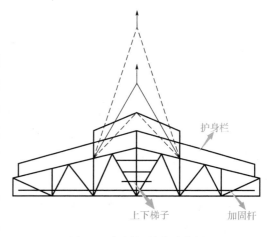

图 6-8　钢屋架吊装示意图

线就位，并做初步校正，然后进行临时固定。屋架吊装就位时应以屋架下弦两端的定位标记和柱顶的轴线标记严格定位并点焊（定位焊）加以临时固定。

（2）钢屋架的吊装固定步骤

1）临时固定。第一榀屋架吊升就位后，可在屋架两侧设缆风绳固定，然后再使起重机脱钩。如果端部有抗风柱，校正后可与抗风柱固定，如图 6-9 所示。第二榀屋架同样吊升就位后，可用绳索临时与第一榀屋架固定。从第三榀屋架开始，

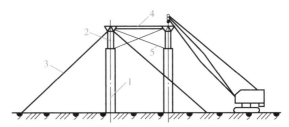

图 6-9　第一榀屋架的临时固定

1—柱　2—屋架　3—缆风绳

4—工具式支撑　5—屋架垂直支撑

在屋架脊点及上弦中点装上檩条即可将屋架临时固定，如图 6-10 所示。第二榀及以后各榀屋架也可用工具式支撑临时固定到前一榀屋架上，如图 6-11 所示。

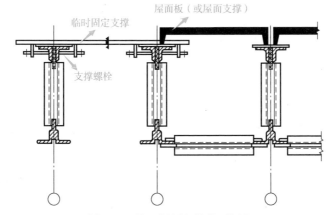

图 6-10　第三榀屋架的临时固定

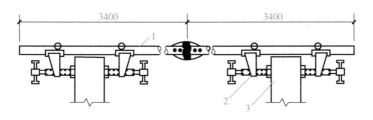

图 6-11　工具式支撑的构造

1—钢管　2—撑脚　3—屋架上弦

2）校正及最后固定。钢屋架校正主要是垂直度的校正。可以采用在屋架下弦一侧拉一根通长钢丝，同时在屋架上弦中心线挑出一个同样距离的标尺，然后用线坠校正，如图 6-12 所示。也可用一台经纬仪架设在柱顶一侧，与轴线平移距离，在对面柱子上同样有一距离为 α 的点，再从屋架中线处用标尺挑出 α 距离点，当三点在一条线上时，则说明屋架垂直。如有误差，可通过调整工具式支撑或绳索，并在屋架端部支承面垫入薄铁片进行调整。钢屋架校

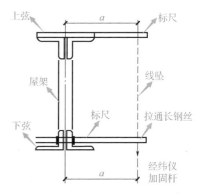

图 6-12　钢屋架垂直度校正示意

正完毕后，拧紧连接螺栓或用电焊焊牢作为最后固定。

（3）钢屋架垂直度和跨度控制

1）钢屋架垂直度控制：

①钢屋架在制作阶段，对各道施工工序应严格控制质量。

a. 首先在放拼装底样画线时，应认真检查各个零件结构的位置并做好自检、专检，以消除误差。

b. 拼装平台应具有足够支承力和水平度，以防承重后失稳下沉导致平面不平，使构件发生弯曲，造成垂直度超差。拼装用挡铁定位时，应按基准线放置。

②拼装钢屋架两端支座板时，应使支座板的下平面与钢屋架的下弦纵横线严格垂直。

③拼装后的钢屋架吊出底样（模）时，应认真检查上下弦以及其他构件的焊点是否与底模、挡铁误焊或夹紧，经检查排除故障或离模后再吊装，否则易致使钢屋架在吊装出模时产生侧向弯曲，甚至损坏屋架或发生事故。

④在制作阶段的钢屋架、天窗架产生各种变形，必须在安装前矫正后再吊装。

⑤钢屋架安装应执行合理的安装工艺，确保构件的安装质量符合以下几点要求：

a. 安装到各纵横轴线位置的钢柱的垂直度偏差应控制在允许范围内，钢柱垂直度偏差也可以使钢屋架的垂直度产生偏差。

b. 各钢柱顶端柱头板平面的高度（标高）、水平度，应控制在同一水平面。

c. 安装后的钢屋架与檩条连接时，必须确保各相邻钢屋架的间距与檩条固定连接的距离位置相一致，不然两者距离尺寸过大或过小，都会导致钢屋架的垂直度

产生超允许偏差。

⑥各跨钢屋架发生垂直度超差时，应在吊装屋面板前，采用起重机配合来调整处理：

a. 首先应调整钢柱达到垂直后，再采用加焊厚薄垫铁来调整各柱头板与钢屋架端部的支座板之间接触面的统一高度和水平度。

b. 当相邻钢屋架间距与檩条连接处间的距离不符而影响垂直度时，可卸除檩条的连接螺栓，仍用厚薄平垫铁或斜垫铁，先调整钢屋架达到垂直度，然后改变檩条与屋架上弦的对应垂直位置再相互连接。

c. 当天窗架垂直度偏差过大时，应将钢屋架调整达到垂直度并固定后，采用经纬仪或线坠对天窗架两端支柱进行测量，根据垂直度偏差数值，采用垫厚、薄垫铁的方法进行调整。

2）钢屋架跨度尺寸控制：

①钢屋架制作时应按照施工规范规定的工艺进行加工，以控制屋架的跨度尺寸，使之符合设计要求。其控制方法主要有以下几种：

a. 采用同一底样或模具并采用挡铁定位进行拼装，以保证拱度的正确。

b. 为了在制作时控制屋架的跨度符合设计要求，对屋架两端的不同支座应采取不同的拼装形式。

②吊装前，应认真检查屋架，若其变形超过标准规定的范围，应及时进行矫正，确保其跨度尺寸符合规定后再进行吊装。

③安装时为了确保跨度尺寸的正确，应按合理的工艺进行安装。

a. 屋架端部底座板的基准线必须与钢柱的柱头板的轴线及基础轴线位置一致。

b. 保证各钢柱的垂直度及跨距符合设计要求或规范规定。

c. 为使钢柱的垂直度、跨度不产生位移，在吊装屋架前应采用小型张拉工具在钢柱顶端按跨度值对应临时拉紧定位，以便安装屋架时按规定的跨度进行入位、固定安装。

d. 若柱顶板孔位与屋架支座孔位不一致时，不宜利用外力强制入位，而应采用椭圆孔或扩孔法调整入位，并用厚板垫圈覆盖焊接，将螺栓紧固。不经扩孔调整或用较大的外力进行强制入位，将会使安装后的屋架跨度产生过大的正偏差或负偏差。钢屋架组合安装法如图 6-13 所示。

2. 钢桁架安装技巧

1）钢桁架采用自行杆式起重机（尤其是履带式起重机）、塔式起重机等进行安装。由于桁架的跨度、重量和安装高度不同，适合的安装机械和安装方法也不相同。

2）桁架多用悬空吊装，为使桁架在吊起后不发生摇摆、与其他构件碰撞等现象，起吊前在支座节附近用麻绳系牢，随吊随放松，以保持其正确位置。

3）桁架的绑扎点要保证桁架的吊装稳定性，否则需在吊装前进行临时加固。

4）钢桁架的侧向稳定性较差，在吊装机械的起重量和起重臂长度允许的情

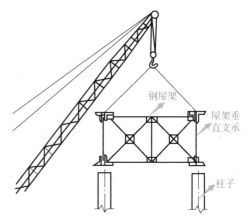

图6-13　钢屋架组合安装法示意图

况下，最好经扩大拼装后进行组合吊装，即在地面上将两榀桁架及其上的天窗架、檩条、支承等拼装成整体，一次进行吊装，这样不但可提高吊装效率，也有利于保证其吊装的稳定性。

5）桁架临时固定如需用临时螺栓和冲钉，则每个节点处应穿入的数量必须由计算确定，并应符合下列规定：①不得少于安装孔总数的1/3；②至少应穿两个临时螺栓；③冲钉穿入数量不宜多于临时螺栓的30%；④扩钻后的螺栓（A级、B级）的孔不得使用冲钉。

6）钢桁架要检验校正其垂直度和弦杆的正直度。桁架的垂直度可用挂线锤球检验，弦杆的正直度则可用拉紧的测绳进行检验。

7）钢桁架的最后固定使用电焊或高强度螺栓。

3. 水平支撑安装技巧

（1）严格控制下列构件制作、安装时的尺寸偏差：

1）控制钢屋架的制作尺寸和安装位置的准确。

2）控制水平支承在制作时的尺寸不产生偏差，应根据连接方式采用下列方法予以控制：

①如采用焊接连接时，应用放实样法确定总长尺寸。

②如采用螺栓连接时，应通过放实样法制出样板来确定连接板的尺寸。

③号孔时应使用统一样板进行。

④钻孔时要使用统一固定模具钻孔。

⑤拼装时，应按实际连接的构件长度尺寸、连接的位置，在底样上用挡铁准确

定位进行拼装；为防止水平支承产生上拱或下挠，在保证其总长尺寸不产生偏差的条件下，可将连接的孔板用螺栓临时连接在水平支承的端部，待安装时与屋架相连。如水平支承的制作尺寸及屋架的安装位置都能保证准确时，也可将连接板按位置先焊在屋架上，安装时可直接将水平支承与屋架孔板连接。

（2）吊装时，应采用合理的吊装工艺，防止构件产生弯曲变形。应采用下列方法防止吊装变形：

①若十字水平支承长度较长、型钢截面较小、刚性较差，吊装前应用圆木杆等材料进行加固。

②吊点位置应合理，使其受力重心在平面内均匀受力，以吊起时不产生下挠为准。

（3）安装时应使水平支承稍作上拱，略大于水平状态与屋架连接，这样可使安装后的水平支承消除下挠；如连接位置发生较大偏差不能安装就位时，不宜采用牵拉工具用较大的外力强行入位连接，否则不仅会使屋架下弦发生侧向弯曲或水平支承发生过大的上拱或下挠，还会使连接构件存在较大的结构应力。

6.4　多层与高层钢结构安装

6.4.1　一般规定

1）多层及高层钢结构宜划分多个流水作业段进行安装，流水段宜以每节框架为单位。

流水段划分应符合下列规定：①流水段内的最重构件应在起重设备的起重能力范围内；②起重设备的爬升高度应满足下节流水段内构件的起吊高度；③每节流水段内的柱长度应根据工厂加工、运输堆放、现场吊装等因素确定，长度宜取 2～3 个楼层高度，分节位置宜在梁顶标高以上 1.0～1.3m 处；④流水段的划分应与混凝土结构施工相适应；⑤每节流水段可根据结构特点和现场条件在平面上划分流水区进行施工。

2）流水作业段内的构件吊装宜符合下列规定：①吊装可采用整个流水段内先柱后梁或局部先柱后梁的顺序；单柱不得长时间处于悬臂状态；②钢楼板及压型金属板安装应与构件吊装进度同步；③特殊流水作业段内的吊装顺序应按安装工艺确定，并应符合设计文件的要求。

3）多层及高层钢结构安装校正应依据基准柱进行，并应符合下列规定：①基准柱应能够控制建筑物的平面尺寸并便于其他柱的校正，宜选择角柱为基准柱；②钢柱校正宜采用合适的测量仪器和校正工具；③基准柱应校正完毕后，再对其他柱进行校正。

4）多层及高层钢结构安装时，楼层标高可采用相对标高或设计标高进行控制，并应符合下列规定：①当采用设计标高控制时，应以每节柱为单位进行柱标高调整，并应使每节柱的标高符合设计的要求；②建筑物总高度的允许偏差和同一层内各节柱的柱顶高度差，应符合现行国家标准《钢结构工程施工质量验收标准》（GB 50205—2020）的有关规定。

5）同一流水作业段、同一安装高度的一节柱，当各柱的全部构件安装、校正、连接完毕并验收合格后，应再从地面引放上一节柱的定位轴线。

6）高层钢结构安装时应分析竖向压缩变形对结构的影响，并应根据结构特点和影响程度采取预调安装标高、设置后连接构件等相应措施。

6.4.2 吊装顺序和方法

吊装顺序应先低跨后高跨，由一端向另一端进行，这样既有利于安装期间结构的稳定，又有利于设备安装单位的进场施工。

综合吊装法适用于构件质量较大和层数不多的框架结构吊装。

1）用1~2台履带式起重机在跨内开行，起重机在一个节间内将各层构件一次吊装到顶，并由一端向另一端开行，采用综合法逐间逐层把全部构件安装完成。

2）一台起重机在所在跨用综合吊装法，其他相邻跨采用分层分段流水吊装进行。为了保证已吊装好结构的稳定，每一层结构件吊装均需在下一层结构固定完毕和接头混凝土强度等级达到70%后进行。同时应尽量缩短起重机往返行驶路线，并在吊装中减少变幅和更换吊点的次数，妥善考虑吊装、校正、焊接和灌浆工序的衔接以及工人的操作方便和安全。

如图6-14所示为一栋二层厂房吊装，用两台履带式起重机在跨内开行，采用综合法吊装梁板式结构（柱为二层一节）的顺序。起重机 I 先安装 CD 跨间第 1~2 节间柱 1~4、梁 5~8 使形成框架后，再吊装楼板9，接着吊装第二层梁 10~13 和楼板14，完成后起重机后退，用相同方法依次吊装第 2~3、第 3~4 等节间各层构件，以此类推，直到 CD 跨构件全部吊装完成后退出；起重机 II 安装 AB、BC 跨柱、梁和楼板，顺序与起重机 I 相同。

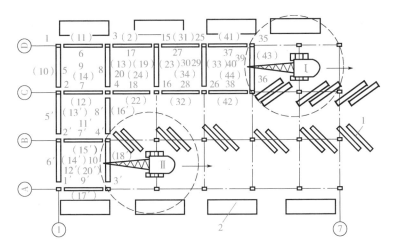

图 6-14　履带式起重机跨内综合吊装法（吊装二层梁板结构顺序图）

1—柱预制、堆放场地　2—梁、板堆放场地

1、2、3……为起重机Ⅰ的吊装顺序；1′、2′、3′……为起重机Ⅱ的吊装顺序；

带（ ）的为第二层梁板吊装顺序

根据劳动力组织（安装、校正、固定、焊接及灌浆等工序的衔接）以及机械连接作业的需要，分为 2~4 段进行分层流水作业。

3）分层大流水吊装。如图 6-15 所示为塔式起重机在跨外开行，采取分层分段流水吊装四层框架顺序，划分为四个吊装段进行。起重机先吊装第一吊装段的第一

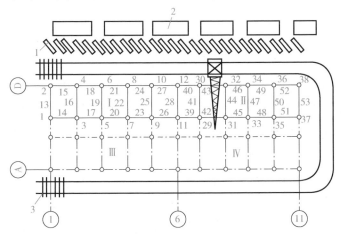

图 6-15　塔式起重机跨外分件吊装法（吊装一个楼层的顺序）

1—柱预制、堆放场地　2—梁、板堆放场地　3—塔式起重机轨道

Ⅰ、Ⅱ、Ⅲ……为吊装段编号；1、2、3……为构件吊装顺序

层柱 1 ~ 14，接着吊装梁 15 ~ 33，使之形成框架，随后吊装第二吊装段的柱、梁。为便于吊装，待一、二段的柱、梁全部吊装完后再统一吊装一、二段的楼板。接着吊装第三、四吊装段，顺序同前。当第一施工层全部吊装完成，再逐层向上推进。

6.4.3　钢柱吊装和校正

钢柱多采用实腹式，实腹钢柱截面多为工字形、箱形、十字形、圆形。钢柱通常多采用焊接对接接长，也有采用高强度螺栓连接接长的。劲性柱与混凝土采用熔焊栓钉连接。

1. 钢柱起吊技巧

钢柱通常采用一点正吊，吊点设置在柱顶处，吊钩通过钢柱中心线，钢柱易于起吊、对线、校正。当受起重机臂杆长度、场地等条件限制，吊点可放在柱长 1/3 处斜吊。钢柱倾斜，起吊、对线、校正较难控制。

起吊时钢柱必须垂直，尽量做到回转扶直。起吊回转过程中应避免同其他已安装的构件相碰撞，并且吊索应预留有效高度。钢柱扶直前应先将登高爬梯和挂篮等挂设在钢柱预定位置并绑扎牢固，起吊就位后临时固定地脚螺栓、校正垂直度。钢柱接长时，钢柱两侧装有临时固定用的连接板，上节钢柱对准下节钢柱柱顶中心线后，即采用螺栓固定连接板临时固定。钢柱安装到位时，应对准轴线、临时固定牢固后才能松开吊索。

2. 多节钢柱的校正技巧

多节柱校正比普通钢柱校正更为复杂，实践中要对每根下节柱进行重复多次校正和观测垂直偏移值。多节钢柱的主要校正技巧如下：

1）在起重机脱钩后、电焊前进行初校。但是在柱接头电焊过程中因钢筋收缩不匀，柱又会产生偏移。由于施焊时柱间砂浆垫层的压缩可减小钢筋焊接应力，因此，最好能够做到在砂浆凝固前施焊。接头坡口间隙尺寸需控制在规定范围内。

2）在电焊完毕后需做第二次观测。

3）当吊装梁和楼板之后，柱子由于增加了荷重以及梁柱间的电焊又会使柱子产生偏移。该情况尤其是对荷载不对称的外侧柱更为明显，因此需再次进行观测。

4）对数层一节的长柱，在每层梁板吊装前后，均需观测垂直偏移值，以确保柱的最终垂直偏移值能够控制在允许值以内，若超过允许值，则应采取有效措施。

5）当下节柱经最后校正后，偏差在允许范围以内时，便可不再进行调整。在这种情况下吊装上节柱时，中心线若根据标准中心线，则在柱子接头处的钢筋通常对不齐，若按照下节柱的中心线则会产生积累误差。通常解决该问题的方法是：上节柱的底部在柱就位时，应对准上述两根中心线（下柱中心线和标准中心线）的中点，各"借"一半，如图 6-16 所示。而上节柱的顶部在校正时仍应以标准中心线为准，以此类推。柱子垂直度允许偏差为 $h/1000$（h 为标高），但不大于 20mm。中心线对定位轴线的位移不得超过 5mm，上下柱接口中心线位移不得超过 3mm。

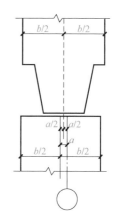

图 6-16　上下节柱校正时
中心线偏差调整筒圈
a—下节柱柱顶中线偏差值
b—柱宽

6）当柱垂直度和水平位移均有偏差时，若垂直度偏差较大，则应先校正垂直度偏差，然后校正水平位移，以减少柱倾覆的可能性。

7）多层装配式结构的柱，特别是一节到顶、长细比较大、抗弯能力较小的柱，杯口要有一定的深度。若杯口过浅或配筋不够，将会使柱倾覆。校正时应特别注意撑顶与敲打钢楔的方向，切勿弄错。

6.4.4　钢构件安装

1. 构件接头施工技巧

1）多层装配式框架结构房屋柱较长，常分成多节吊装。柱与柱接头形式有榫接头、浆锚接头。柱与梁接头形式有简支铰接接头和刚性接头两种，简支铰接接头只传递垂直剪力，施工简便；刚性接头可传递剪力和弯矩，使用较多。

2）榫接头钢筋多采用单坡 K 形坡口焊接，采取分层轮流对称焊接，以减小温度应力和变形，同时注意使坡口间隙尺寸大小一致，焊接时避免夹渣。如上、下钢筋错位，可用冷弯或氧乙炔焰加热使钢筋轴线对准，但变曲率不得超过 1:6。

3）柱与梁接头钢筋焊接，全部采用 V 形坡口焊，也应采用分层轮流施焊，以减小焊接应力。

4）对于整个框架，柱梁刚性接头焊接顺序应从整个结构的中间开始，先形成框架，然后再纵向继续施焊。同时梁应采取间隔焊接固定的方法，避免两端同时焊接，梁中产生过大温度收缩应力。

5）浇筑接头混凝土前，应将接头处混凝土凿毛并洗净、湿润，接头模板距底2/3以上应倾斜，混凝土强度等级宜比构件本身提高两级，并宜在混凝土中掺微膨胀剂（在水泥中掺加 0.02% 的脱脂铝粉），分层浇筑捣实，待混凝土强度达到 5N/mm² 后，再将多余部分凿去，表面抹光，继续湿润养护不少于 7d，待强度达到 $10N/mm^2$ 或采取足够的支承措施（如加设临时柱间支承）后，方可吊装上一层柱、梁及楼板。

2. 构件之间的连接固定

钢柱之间常用坡口电焊连接，主梁与钢柱的连接，一般上、下翼缘用坡口电焊连接，而腹板用高强度螺栓连接。次梁与主梁的连接基本上是在腹板处用高强度螺栓连接，少量再在上、下翼缘处用坡口电焊连接，如图 6-17 所示。

坡口电焊连接应先做好准备（包括焊条烘焙，坡口检查，设电弧引弧板、引出板和钢垫板并定位焊固定，清除焊接坡口、周边的防锈漆和杂物，坡口预热），在上节柱和梁经校正和固定后进行接柱焊接。柱与柱采用两人同时对称焊接，柱与梁的焊接亦应在柱的两侧对称同时焊接，以减小焊接变形和残余应力。

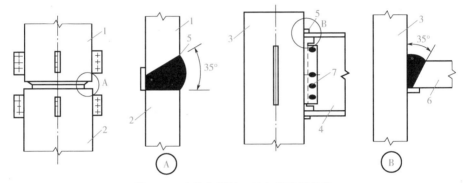

图 6-17　上柱与下柱、柱与梁连接构造

1—上节钢柱　2—下节钢柱　3—柱　4—主梁　5—焊缝　6—主梁翼板　7—高强度螺栓

对于厚板的坡口焊，打底层多用直径为 4mm 的焊条焊接，中间层可用直径为 5mm 或 6mm 的焊条，盖面层多用直径为 5mm 的焊条。三层应连续施焊，每一层焊完后应及时清理。盖面层焊缝搭坡口两边各 2mm，焊缝余高不超过对接焊件中较薄钢板厚的 1/10，但也不应大于 3.2mm。焊后，当气温低于 0℃时，用石棉布保温使焊缝缓慢冷却。焊缝质量检验均按 2 级检验。

两个连接构件的紧固顺序为先主要构件，后次要构件。工字形构件的紧固顺序是：上翼缘→下翼缘→腹板。同一节柱上各梁柱节点的紧固顺序是：柱子上部的梁柱节点→柱子下部的梁柱节点→柱子中部的梁柱节点。每一节点安设紧固高强度螺栓的顺序是：摩擦面处理→检查安装连接板（对孔、扩孔）→临时螺栓安装→高强度螺栓安装→高强度螺栓紧固→初拧→终拧。

为保证质量，对紧固高强度螺栓的电动扳手要定期检查，对终拧用电动扳手紧固的高强度螺栓，以螺栓尾部是否拧掉作为验收标准。对用测力扳手紧固的高强度螺栓，用测力扳手检查其是否紧固到规定的终拧扭矩值。抽查率为每节点处高强度螺栓数量的 10%，但不少于 1 个，如有问题应及时返工处理。

3. 钢结构构件组合体系吊装

钢结构高层建筑体系有框架体系、框架剪力墙体系、框筒体系、组合筒体系、交错钢桁架体系等多种，应用较多的是前两种，主要由框架柱、主梁、次梁及剪力板（支承）等组成。

钢结构构件吊装多采用综合吊装法，其吊装顺序一般是：平面内从中间的一个节间开始，以一个节间的柱网为一个吊装单元，先吊装柱，后吊装梁，然后往四周扩展。垂直方向由下向上组成稳定结构后，分层安装次要构件，一节间一节间钢框架、一层楼一层楼安装，这样有利于消除安装误差的积累和焊接变形，使误差减少到最低限度。

4. 框架梁的安装

钢梁吊装宜采用专用吊具两点绑扎吊装，吊升过程中必须保证钢架处于水平状态，一机吊多根钢梁时，绑扎要牢固、安全，以便于逐一安装。

在安装柱与柱之间的主梁时，必须跟踪测量校正柱与柱之间的距离，并预留安装余量，特别是节点焊接收缩量，以达到控制变形、减小或消除附加应力的目的。

柱与柱节点及梁与柱节点的连接，原则上对称施工、相互协调，框架梁和柱的连接一般采用上下翼板焊接、腹板螺栓连接或者全焊接、全栓接的连接方式。对于焊接连接，一般先焊一节柱的顶层梁，再从下向上焊接各层梁与柱的节点，柱与柱的节点可以先焊，也可以后焊。混合连接一般采用先栓后焊的工艺，螺栓连接从中心轴开始，对称拧固，钢管混凝土柱焊接接长时，应严格按工艺评定要求进行，确保焊缝质量。

在第一节柱及柱间钢梁安装完成后，即进行柱底灌浆，灌浆方法是先在柱脚四周立模板，将基础上表面清除干净，清除积水，然后用高强度无收缩砂浆从一侧自由灌入至密实，灌浆后用湿草袋或麻袋覆盖养护。

6.5　钢网架结构安装

6.5.1　钢网架的绑扎与吊装

1. 钢网架的绑扎技巧

（1）单机吊装绑扎　对于大跨度钢立体桁架（钢网架片，下同）多采用单机吊装。吊装时,一般采用六点绑扎,并加设横吊梁,以降低起吊高度和对桁架网片产生较大的轴向压力,防止桁架、网片出现较大的侧向弯曲,如图6-18a所示。

(2) 双机抬吊绑扎　采用双机抬吊时,可采取在支座处两点起吊或四点起吊,另加两副辅助吊索如图6-18b所示。

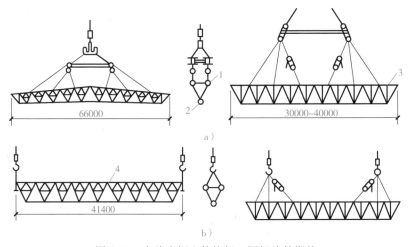

图6-18　大跨度钢立体桁架、网架片的绑扎

a) 单机吊装　b) 双机抬吊

1—上弦　2—下弦　3—分段网架(30×9)　4—立体钢管桁架

2. 钢网架的吊装

(1) 单机吊装　单机吊装较为简单,当桁架在跨内斜向布置时,可采用150kN履带起重机或400kN轮胎式起重机垂直起吊,吊至比柱顶高50cm时,可将机身就地在空中旋转,然后落于柱头上就位,如图6-19所示。其施工方法与一般钢屋架吊装相同。

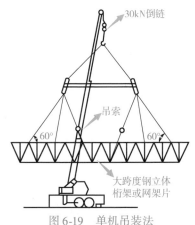

图6-19　单机吊装法

（2）双机抬吊 双机抬吊相对来说较为复杂，其桁架有跨内和跨外两种布置和吊装方式。

1）当桁架略斜向布置在房屋内时，可用两台履带式起重机或塔式起重机抬吊，吊起到一定高度后即可旋转就位，如图 6-20 所示。其施工方法与一般屋架双机抬吊法相同，可参照进行。

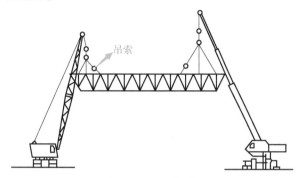

图 6-20 双机抬吊法

2）当桁架在跨外时，可在房屋一端设拼装台进行组装，一般拼一榀吊一榀。施工时，可在房屋两侧铺上轨道，安装两台 600/800kN 塔式起重机，吊点可直接绑扎在屋架上弦支座处，每端用两根吊索。吊装时，由两台起重机抬吊，伸臂与水平保持大于 60°。起吊时一齐指挥两台起重机同时上升，将屋架缓慢吊起至高于柱顶500mm 后，同时行走到屋架安装地点落下就位，如图 6-21 所示，并立即找正固定，待第二榀吊装完成后，接着吊装支撑系统及檩条，及时校正形成几何稳定单元。此后每吊一榀，可用上一节间檩条临时固定，整个屋盖吊装完后，再将檩条统一找平加以固定，以确保屋面平整。

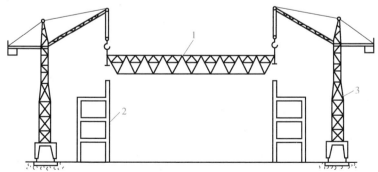

图 6-21 双机跨外抬吊大跨度钢立体桁架

1—41.4m 钢管立体桁架 2—框架柱 3—TQ600/800kN·m 塔式起重机

6.5.2　钢网架高空散装法安装

高空散装法是指运输到现场的运输单元体（平面桁架或锥体）或散件，用起重机械吊升到高空对位拼装成整体结构的方法，适用于非焊接连接（如螺栓球节点、高强螺栓节点等）的各种网架的拼装，不宜用于焊接球网架的拼装（因焊接易引燃脚手板，操作不够安全）；同时高空散装不易控制标高、轴线和质量，工效降低。

1. 支架设置

由于支架既是网架拼装成型的承力架，又是操作平台支架，因此，支架搭设位置必须对准网架下弦节点。

1）支架通常采用扣件和钢管搭设，而不宜采用竹或木制，这是由于竹或木等材料容易变形并易燃，因此，当网架用焊接连接时禁用。

2）拼装支架必须牢固，设计时应对单肢稳定、整体稳定进行验算，并估算其沉降量。其中单肢稳定验算可按一般钢结构的设计方法进行。

3）支架应具有整体稳定性以及在荷载作用下应具有足够的刚度，应将支架本身的弹性压缩、接头变形、地基沉降等引起的总沉降值控制在 5mm 以下。为了调整沉降值和卸荷方便，可在网架下弦节点与支架之间设置调整标高用的千斤顶。

4）由于高空散装法对支架的沉降要求较高（不得超过 5mm），因此，应给予足够的重视。大型网架施工必要时可进行试压，以取得所需的资料。

支架的整体沉降量主要包括：钢管接头的空隙压缩、钢管的弹性压缩以及地基的沉陷等。若地基情况不良，要采取夯实加固等措施，并且要用木板铺地以分散支柱传来的集中荷载。

2. 拼装操作技巧

钢网架总的拼装顺序是从建筑物一端开始向另一端以两个三角形同时推进，待两个三角形相交后，则按人字形逐榀向前推进，最后在另一端的正中合拢。每榀块体的安装顺序，在开始两个三角形部分是由屋脊部分分别向两边拼装，两三角形相交后，则由交点开始同时向两边拼装，如图 6-22 所示。

吊装分块（分件）时，可用 2 台履带式或塔式起重机进行，拼装支架采用钢制，可局部搭设做成活动式，亦可满堂红搭设。分块拼装后，在支架上分别用方木和千斤顶顶住网架中央竖杆下方进行标高调整，其他分块则随拼装随拧紧高强螺栓，与已拼好的分块连接即可。

当采取分件拼装钢网架时，通常可采取分条进行，其拼装顺序主要为：支架抄

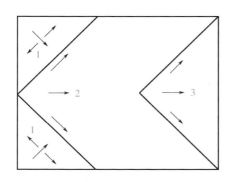
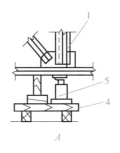

a ）

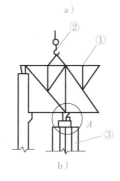

b ）

图 6-22　高空散装法安装网架

a）网架安装顺序　b）网架块体临时固定方法（①、②、③—安装顺序）

1—第一榀网架块体　2—吊点　3—支架　4—枕木　5—液压千斤顶

平、放线→放置下弦节点垫板→按格依次组装下弦、腹杆、上弦支座（由中间向两端，一端向另一端扩展）→连接水平系杆→撤出下弦节点垫板→总拼精度校验→刷油漆。

每条网架组装完成经校验无误后，按总拼顺序进行下条网架的组装，直至全部完成。

3. 支架的拆除

网架拼装成整体并检查合格后，即拆除支架。拆除时应从中央逐圈向外分批进行，并且每圈下降速度必须一致，应避免个别支点集中受力，造成拆除困难。对于大型网架，每次拆除的高度可根据自重挠度值分成若干批进行。

6.5.3　钢网架整体吊升法安装

整体吊装法是指网架在地面总拼后，采用单根或多根桅杆，一台或多台起重机进行吊装就位的施工方法。整体吊装法主要适用于各种类型的网架结构,吊装时可在高空平移或旋转就位。该方法无须搭设高的拼装架,高空作业少,并且易于保证接头焊接质量;但是这种方法需要起重能力大的设备,吊装技术也复杂。整体吊装法以吊装焊接球节点网架为宜,尤其是三向网架的吊装。

1. 多机抬吊作业

多机抬吊施工中布置起重机时需要考虑各台起重机的工作性能和网架在空中移位的要求。起吊前要测出每台起重机的起吊速度,以便起吊时掌握,或每两台起重机的吊索用滑轮连通。这样,当起重机的起吊速度不一致时,可由连通滑轮的吊索自行调整。

若网架重量较轻,或四台起重机的起重量均能满足要求时,宜将四台起重机布置在网架的两侧,这样只要四台起重机将网架垂直吊升超过柱顶后,旋转一小角度,即可完成网架空中移位要求。

多机抬吊通常采用四台起重机联合作业,将地面错位拼装好的网架整体吊升到柱顶后,在空中进行移位落下就位安装。多机抬吊的方法通常有以下两种,如图6-23所示。

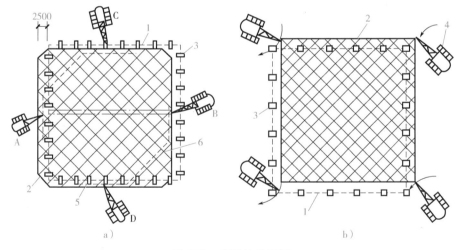

图6-23　多机抬吊网架

a) 四侧抬吊　b) 两侧抬吊

1—网架安装位置　2—网架拼装位置　3—柱　4—履带式起重机　5—吊点　6—串通吊索

(1) 四侧抬吊　四侧抬吊为防止起重机因升降速度不一而产生不均匀荷载,在每台起重机设两个吊点,每两台起重机的吊索互相用滑轮串通,使各吊点受力均匀,网架平稳上升。当网架提到比柱顶高30cm时,进行空中移位,起重机A一边落起重臂，一边升钩；起重机 B 一边升起重臂，一边落钩；C、D 两台起重机则松开旋转刹车跟着旋转，待转到网架支座中心线对准柱子中心时，四台起重机同时落钩，并通过设在网架四角的拉索和倒链拉动网架进行对线，将网架落到柱顶就位。

（2）两侧抬吊　两侧抬吊是采用四台起重机将网架吊过柱顶同时向一个方向旋转一定距离，即可就位。

多机抬吊作业准备工作简单，安装较快速方便，适于跨度 40m 左右，高度 2.5m 左右的中、小型网架屋盖的吊装。四侧抬吊法移位较平稳，但操作较复杂，两侧抬吊法空中移位较方便，然而平稳性较差一些，两种吊法都需要多台起重设备，操作技术要求较严。

2. 独脚拔杆吊升作业

独脚拔杆吊升法是多机抬吊的另一种形式。它是采用多根独脚拔杆，将地面错位拼装的网架吊升超过柱顶进行空中移位后落位固定。采用独脚拔杆吊升法时，支承屋盖结构的柱与拔杆应在屋盖结构拼装前竖立。独脚拔杆吊升法所需的设备多，劳动量大，然而对于吊装高、重、大的屋盖结构，特别是大型网架较为适宜。

6.6　压型金属板工程

6.6.1　压型金属板加工准备

1. 材料要求

根据图纸，订购与设计要求相同的材质、厚度、颜色的压型钢板材料，除满足设计要求外，还应满足国家标准要求。材料进厂后，须检验钢板的出厂合格证。压型钢板的钢材应保证抗拉强度、屈服强度、伸长率和冷弯试验合格。

1）板材表面不允许有裂纹、裂边、腐蚀、穿通气孔、硝盐痕。板材厚度大于 0.6mm 时，表面不允许有扩散斑点，基材表面允许有轻微的压过划痕，但不得超过板材厚度的允许负偏差。

2）压型钢板的基板，应保证抗拉强度、屈服强度、延伸率、冷弯试验合格，以及硫（S）、磷（P）的极限含量。焊接时，保证碳的极限含量、化学成分与物理性能满足要求。

3）压型钢板施工使用的材料主要有焊接材料。所有这些材料均应符合有关的技术、质量和安全的专门规定。

4）由于压型钢板厚度较小，为避免施工焊接固定时焊接击穿，焊接时可采用 $\phi2.5$、$\phi3.2$ 等小直径的焊条；用于局部切割的云石机锯片和手提式砂轮机片的半径宜大于所使用的压型钢板波形高度。

5）栓钉是组合楼层结构的剪力连接件，用以传递水平荷载到梁柱框架上，它的规格、数量按楼面与钢梁连接处的剪力大小确定。栓钉直径有 13mm、16mm、19mm、22mm 四种。

2. 主要机具

1）机具：压型机、折弯机、剪板机。

2）工具：电剪、铁剪子、云石机、起重机。

3）量具：钢卷尺、盘尺、角尺。

3. 作业条件

1）制作现场应平整、洁净并有足够的空间。

2）所有生产设备应按要求调整完毕，保持设备洁净。

3）确定所制作的压型板或配件的尺寸、样式、数量。

4）室内制作应有足够照明，室外制作应对生产设备搭设临时棚，加设照明以备夜间生产。

5）现场制作应具备工业电源。

6.6.2 压型金属板加工操作

压型金属板的制作是采用金属板压型机，将彩涂钢卷进行连续的开卷、剪切、辊压成型等过程，其施工操作要点有如下几点：

1）加工压型板及配件应有足够的加工场地和平整的堆放场地，以保证成品质量。

2）确定加工所有材料的规格、颜色等符合要求，从卷板式平板上按图纸要求尺寸号料。号料前应根据尺寸要求在平板上划线，保证平板几何尺寸及号料边角度。

3）对于压型板用已号料的平板，人工或机械同时从压型机进板侧将平板送入压辊，在出板侧设专人接板并送至堆放场地，也可用卷板直接送入进板侧，在出板侧根据尺寸号料后堆放。对于配件应按尺寸及角度、颜色、朝向的要求进行加工，先确定加工顺序，并按每部分的尺寸要求划线，按角度要求调整折弯设备。同型号的配件按同一折边一次加工完毕，再统一进行下一折边，数控设备可采用每一配件逐一加工的方法，加工有搭接安装要求的配件时，应适当留有搭接厚度差以保证安装质量。

4）压型金属板成型后，除用肉眼和放大镜检查基板和涂层的裂纹情况外，还应对压型钢板的主要外形尺寸，如波距、波高及侧向弯曲等进行测量检查。检查方法如图 6-24、图 6-25 所示。

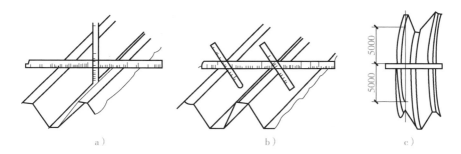

图 6-24　压型金属板的几何尺寸测量

a）测量波高　b）测量波距　c）测量侧向弯曲

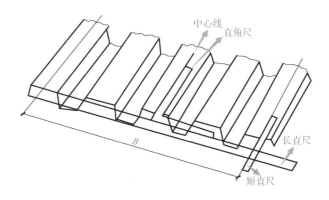

图 6-25　切斜的测量方法

6.6.3　压型金属板连接方式

1. 上下屋面板的搭接连接

在屋面施工时，应尽量减少上下屋面板的搭接数量，加大屋面板的长度。我国目前采用直接连接法和压板挤紧法两种连接方法。

（1）直接连接法　直接连接法是将上下两块板间设置两道防水密封条，在防水密封条处用自攻螺钉或拉铆钉将其紧固在一起。

（2）压板挤紧法　压板挤紧法是我国最新的上下板搭接连接方法，是将两块彩板的上面和下面设置两块与彩板板型相同厚度的镀锌钢板，其下设防水胶条，用紧固螺栓将其紧密挤压连接在一起，这种方法零配件较多，施工工序多，但是防水可靠。

2. 板与檩条和墙梁的连接

（1）屋面连接　压型钢板的屋面横向连接方式主要有以下几种：

1）搭接方式。搭接方式是把压型钢板搭接边重叠并用各种螺栓、铆钉或自攻螺钉等连成整体。

2）咬边方式。咬边方式是在搭接部位通过机械锁边，使其咬合相连。

3）卡扣方式。卡扣方式是利用钢板弹性在向下或向左（向右）的力作用下形成左右相连。

（2）墙面板连接　彩色压型钢板的墙面板连接主要有以下两种：

1）外露连接。外露连接是用连接紧固件在波谷上将板与墙梁连接在一起，这样的连接使紧固件的头处在墙面凹下处，比较美观；在一些波距较大的情况下，也可将连接紧固件设在波峰上。

2）隐蔽连接。墙面隐蔽连接的板型覆盖面较窄，它是将第一块板与墙面连接后，将第二块板插入第一块板的板边凹槽口中，起到抵抗负风压的作用。无论墙面板或屋面板的隐蔽连接都不可能完全避免外露，都会在建筑物的如下位置产生外露连接，包括大量的上下板的搭接处、屋面的屋脊处、山墙泛水处、高低跨的交接处以及墙面的门窗洞口处、墙的转角处等需要包边的位置、泛水等配件覆盖的位置。这些外露连接有的是板与墙梁或檩条的连接，也有彩板与彩板间的连接。

6.6.4　压型金属板连接固定技巧

1）连接件的数量与间距应符合设计要求，当在设计无明确规定时，应按现行专业标准《压型金属板设计施工规程》（YBJ 216—1988）的规定执行，其规定的内容主要有以下几点：

①屋面高波压型金属板用连接件与固定支架连接，每波设置一个，低波压型板用连接件直接与檩条或墙梁连接，每波或隔一波设置一个，但搭接波处必须设置连接件。

②高波压型金属板的侧向搭接部位必须设置连接件，间距为700~800mm。有关防腐涂料的规定除设计中应根据建筑环境的腐蚀作用选择相应涂料系列外，当采用压型铝板时，应在其与钢构件接触面上至少涂刷一道铬酸锌底漆或设置其他绝缘隔离层，在其与混凝土、砂浆、砖石、木材接触面上至少涂刷一道沥青漆。

2）压型钢板腹板与翼缘水平面之间的夹角，当用于屋面时不应小于50°；当用于墙面时不应小于45°。

3）屋面压型钢板的长向连接通常采用搭接，搭接处应在支承构件上。其搭接长度应不小于下列限值，同时在搭接区段的板间尚应设置防水密封带。

①屋面高波板（波高≥75mm）：375mm。

②屋面中波及低波板：250mm（屋面坡度 $i < 1/10$ 时）；200mm（屋面坡度 $i \geq 1/10$ 时）。

4）屋面中波压型钢板与支承构件（檩条）的连接，一般在檩条上预焊栓钉，在安装后紧固连接，如图6-26所示。中波板也可采用钩头螺栓连接，但因连接紧密度、耐候性差，目前已极少应用。

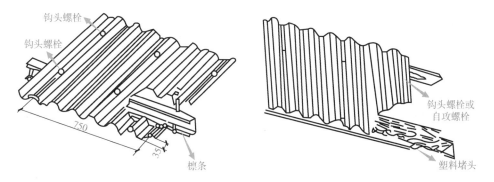

图6-26　压型钢板不采用固定支架的连接

5）屋面高波压型钢板在檩条上固定时，应设置专门的固定支架，如图6-27所示。固定支架一般采用2～3mm厚钢带，按标准配件制成，并在工地焊接在支承构件（檩条）上，此时支承构件上翼缘宽度应不小于固定支架宽度加10mm。

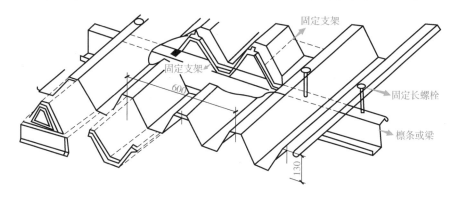

图6-27　压型钢板采用固定支架的连接

6) 屋面高波压型钢板，每波均应以连接件连接，对屋面中波或低波板可每波或隔波与支承构件相连。为了保证防水可靠性，屋面板的连接仍多设置在波峰上。

6.7 钢结构涂装工程

6.7.1 钢构件表面处理

1. 钢构件粗糙度对涂装的影响

钢材表面的粗糙度对漆膜的附着力、防腐蚀性能以及使用寿命有着很大的影响。漆膜之所以附着于钢材表面主要是由于漆膜中的基料分子与金属表面极性基团的范德华引力相互吸引。

1) 钢材表面在喷射除锈后，随着粗糙度的增大，表面积也显著增加，在这样的表面上进行涂装，漆膜与金属表面之间的分子引力也会相应增加，以至于使漆膜与钢材表面间的附着力得到提高。

2) 以棱角磨料进行的喷射除锈，不仅增加了钢材的表面积，而且还能够形成三维状态的几何形状，以使漆膜与钢材表面产生机械的咬合作用，更进一步提高了漆膜的附着力和防腐蚀性能，并延长了保护寿命。

3) 钢材表面合适的粗糙度有利于漆膜保护性能的提高。

①粗糙度太大，如漆膜用量一定时，则会造成漆膜厚度分布不均匀，特别是在波峰处的漆膜厚度往往低于设计要求，引起早期的锈蚀。另外，还常常在较深的波谷凹坑内截留住气泡，将成为漆膜起泡的根源。

②粗糙度太小，不利于附着力的提高。因此，为了提高漆膜的保护性能，对钢材的表面粗糙度有所限制。对于普通涂料而言，合适的粗糙度范围以 30~75mm 为宜，最大粗糙度值不宜超过 100mm。

表面粗糙度的大小取决于磨料粒度的大小、形状、材料和喷射的速度、作用时间等工艺参数，其中以磨料粒度的大小对粗糙度影响较大。因此，在钢材表面处理时必须对不同的材质、不同的表面处理要求，制定合适的工艺参数，并加以质量控制。

2. 钢材表面除锈方法的分类

(1) 按除锈顺序分类　分为：①一次除锈；②二次除锈。

(2) 按工艺阶段分类　分为：①车间原料预处理；②分段除锈；③整体除锈。

(3) 按除锈方式分类　分为：①喷射除锈；②动力工具除锈；③手工敲铲除

锈；④酸洗。

3. 钢材表面的除锈方法

（1）人工除锈　金属结构表面的铁锈，通常可采用钢丝刷、钢丝布或粗砂布擦拭，直到露出金属本色后，再用棉纱擦净。

（2）喷砂除锈　在金属结构量很大的情况下，通常可选用喷砂除锈。喷砂除锈能够去掉铁锈、氧化皮以及旧的油层等杂物。经过喷砂的金属结构，表面变得粗糙又很均匀，对增加油漆的附着力、保证漆层质量有很大的好处。

喷砂是指采用压缩空气把石英砂通过喷嘴，喷射在金属结构表面，靠砂子有力的撞击风管的表面，去掉铁锈、氧化皮等杂物。在工地上使用的喷砂工具较为简单。

由于喷砂所用的压缩空气不能含有水分和油脂，因此，在空气压缩机的出口处，应装设油水分离器。压缩空气的压力通常在 0.35 ~ 0.4MPa。

喷砂所用的砂粒应坚硬而有棱角，粒度要求为 1.5 ~ 2.5mm，除经过筛除去泥土杂质外，还应经过干燥。

喷砂时，应顺气流方向；喷嘴与金属表面通常成 70° ~ 80° 夹角；喷嘴与金属表面的距离通常在 100 ~ 150mm。喷砂除锈应对金属表面无遗漏地进行，并且，经过喷砂的表面，应达到一致的灰白色。

喷砂处理具有质量好、效率高以及操作简单的优点，然而，由于喷砂处理时会产生很大的灰尘，因此，在施工时应设置简易的通风装置，操作人员应戴防护面罩或风镜和口罩。

经过喷砂处理后的金属结构表面，可采用压缩空气进行清扫，然后再用汽油或甲苯等有机溶剂进行清洗。待金属结构干燥后，方可进行刷涂操作。

（3）化学除锈　化学除锈是指把金属构件浸入 15% ~ 20% 的稀盐酸或稀硫酸溶液中浸泡 10 ~ 20min，然后用清水冲洗干净。

若金属表面锈蚀较轻，可采用"三合一"溶液同时进行除油、除锈以及钝化处理。"三合一"溶液配方为：草酸150g，硫脲10g，平平加10g，水1000g。经"三合一"溶液处理后的金属构件应采用热水洗涤 2 ~ 3min，再经热风吹干后，立即进行喷涂。

4. 表面油污的清除

清除钢材表面的油污，通常采用以下三种方法：

（1）碱液清除法　碱液除油主要是借助碱的化学作用来清除钢材表面上的油

脂，该法使用简便、成本低。在清洗过程中要经常搅拌清洗液或晃动被清洗的物件。

（2）有机溶剂清除法　有机溶剂除油是借助有机溶剂对油脂的溶解作用来除去钢材表面上的油污。在有机溶剂中加入乳化剂，可提高清洗剂的清洗能力。有机溶剂清洗液可在常温条件下使用，加热在50℃的条件下使用，会提高清洗效率。也可以采用浸渍法或喷射法除油。

（3）乳化碱液清除法　乳液除油是在碱液中加入了乳化剂，使清洗液除具有碱的皂化作用外，还有分散、乳化等作用，增强了除油能力，其除油效率比用碱液高。

5. 表面旧涂层的清除

在有些钢材表面常带有旧涂层，施工时必须将其清除，其常用的方法如下：

（1）碱液清除法　碱液清除法是借助碱对涂层的作用，使涂层松软、膨胀，从而容易除掉。该法与有机溶剂法相比成本低、生产安全、没有溶剂污染。但需要一定的设备，如加热设备等。

（2）有机溶剂清除法　有机溶剂清除法具有效率高、施工简单、无须加热等优点。但有一定的毒性、易燃和成本高的缺点。脱漆前应将物件表面上的灰尘、油污等附着物除掉，然后放入脱漆槽中浸泡，或将脱漆剂涂抹在物件表面上，使脱漆剂渗到旧漆膜中，并保持"潮湿"状态，否则应再涂。浸泡1~2h后或涂抹10min左右后，用刮刀等工具轻刮，直至旧漆膜被除净为止。

6.7.2　防腐涂料涂装

1. 防腐涂料的选用技巧

钢结构防腐涂料的种类很多，其性能也各不相同，应充分考虑以下各方面的因素。

1）使用场合和环境是否有化学腐蚀作用的气体，是否为潮湿环境。

2）是打底用，还是罩面用。

3）选择涂料时应考虑在施工过程中涂料的稳定性、毒性以及所需的温度条件。

4）按工程质量要求、技术条件、耐久性、经济效果、非临时性工程等因素，来选择适当的涂料品种。不应将优质品种降格使用，也不应勉强使用不能达到性能指标的品种。

2. 防腐涂料准备

涂料及辅助材料进厂后，应检查有无产品合格证和质量检验报告单，若没有则不应验收入库。施工前应对涂料型号、名称以及颜色进行校对，看其是否与设计规定相符。同时检查制造日期，若超过储存期则应重新取样检验，质量合格后方可使用。

3. 防腐涂装环境条件

（1）工作场地　涂装工作应尽可能在车间内进行，并保持环境清洁和干燥，以防止已处理的涂件和已涂装好的任何表面被尘土、水滴、油脂、焊接飞溅或其他脏物粘附而影响质量。

（2）环境温度　防腐涂装施工时环境温度通常应控制在 5～38℃。这是由于环氧类化学固化型涂料在气温低于 5℃ 的条件下不能进行固化反应，因此不能施工。然而对于底材表面无霜条件下也能干燥的氯化橡胶类涂料，控制温度可按涂料使用说明低至 0℃ 以下。另外，当气温在 30℃ 以上的条件下施工时，溶剂挥发很快，在无气喷涂时，油漆内的溶剂在喷嘴与被涂构件之间大量挥发而发生干喷的现象。因此，需要增加合适的稀释剂用量，直至不出现干喷现象为止，然而稀释剂用量过大又不利于控制涂层质量。因此，通常要求涂装温度不超过 38℃。

（3）环境湿度　涂料施工通常宜在相对湿度小于 80% 的条件下进行。然而，各种涂料的性能不同，所要求的施工环境湿度也不同。如醇酸树脂漆、硅酸锌漆、沥青漆等，可在较高一些的湿度条件下施工；而乙烯树脂漆、聚氨酯漆、硝基漆等则要求在较低的湿度条件下施工。

（4）必须采取防护措施的施工环境　如在有雨、雾、雪以及较大灰尘的环境下施工，在涂层可能受到油污、腐蚀介质或盐分等污染的环境下施工，在没有安全措施和防火、防寒工具条件下施工，均需备有可靠的防护措施。

4. 防腐涂料预处理

涂料选定后，在施涂前，通常要进行以下处理操作程序：

（1）开桶　开桶前应将桶外的灰尘、杂物清理干净，以免其混入油漆桶内。同时对涂料的名称、型号和颜色进行检查，是否与设计规定或选用要求相符合，检查制造日期是否超过贮存期，凡不符合上述要求的应另行研究处理。若发现有结皮现象，应将漆皮全部取出，以免影响涂装质量。

（2）搅拌　将桶内的油漆和沉淀物全部搅拌均匀后才可使用。

（3）配比　对于双组分的涂料使用前必须严格按照说明书所规定的比例来混合。双组分涂料只要配比混合后，就必须在规定的时间内用完，超过时间的不得使用。

（4）熟化　两组分涂料混合搅拌均匀后，需要经过一定熟化时间才能使用，为保证漆膜的性能，对此要特别注意。

（5）稀释　有的涂料因施工方法、贮存条件、作业环境、气温的高低等不同情况的影响，在使用时，有时需用稀释剂来调整黏度。

（6）过滤　过滤是将涂料中可能产生的或混入的固体颗粒、漆皮或其他杂物滤掉，以免这些杂物堵塞喷嘴及影响漆膜的性能及外观。一般可以使用 80～120 目的金属网或尼龙丝筛进行过滤，以保证喷漆的质量。

5. 涂层厚度的确定

钢结构涂装设计的重要内容之一，是确定涂层厚度。涂层厚度的确定，应考虑以下因素：①钢材表面原始状况；②钢材除锈后的表面粗糙度；③选用的涂料品种；④钢结构使用环境对涂料的腐蚀程度；⑤预想的维护周期和涂装维护条件。

6. 防腐涂装施工要求

（1）油漆防腐涂装　涂料调制应搅拌均匀，应随拌随用，不得随意添加稀释剂。不同涂层间的施工应有适当的重涂间隔时间，最大及最小重涂间隔时间应符合涂料产品说明书的规定，应超过最小重涂间隔再施工，超过最大重涂间隔时应按涂料说明书的指导进行施工。表面除锈处理与涂装的间隔时间宜在 4h 之内，在车间内作业或湿度较低的晴天不应超过 12h。构件油漆补涂应符合下列规定：①表面涂有工厂底漆的构件，因焊接、火焰校正、暴晒和擦伤等造成重新锈蚀或附有白锌盐时，应经表面处理后再按原涂装规定进行补漆；②运输、安装过程的涂层碰损、焊接烧伤等，应根据原涂装规定进行补涂。

（2）金属热喷涂　金属热喷涂施工应符合下列规定：①采用的压缩空气应干燥、洁净；②喷枪与表面宜成直角，喷枪的移动速度应均匀，各喷涂层之间的喷枪方向应相互垂直、交叉覆盖；③一次喷涂厚度宜为 25～80μm，同一层内各喷涂带间应有 1/3 的重叠宽度；④当大气温度低于 5℃ 或钢结构表面温度低于露点 3℃ 时应停止热喷涂操作。

（3）热浸镀锌的防腐　构件表面单位面积的热浸镀锌质量应符合设计文件规定的要求。热浸镀锌造成构件的弯曲或扭曲变形，应采取延压、滚轧或千斤顶等机械方式进行矫正。矫正时，宜采取垫木方等措施，不得采用加热矫正。

7. 防腐涂装施工操作技巧

（1）刷防锈漆　涂底漆一般应在金属结构表面清理完毕后就施工，否则金属表面又会再次因氧化生锈。涂刷方法是油刷上下铺油（开油），横竖交叉地将油刷匀，再把刷迹理平。

可按设计要求把防锈漆在金属结构上满刷一遍。如原来已刷过防锈漆，应检查其有无损坏及有无锈斑。凡有损坏及锈斑处，应将原防锈漆层铲除，用钢丝刷和砂布彻底打磨干净后，再补刷一遍防锈漆。

采用油基底漆或环氧底漆时，应均匀地涂或喷在金属表面上，施工时将底漆的黏度调到：喷涂为 18 ~ 22St，刷涂为 30 ~ 50St。

底漆一般均为自然干燥，使用环氧底漆时也可进行烘烤，质量比自然干燥要好。

（2）局部刮腻子　待防锈底漆干透后，将金属面的砂眼、缺棱、凹坑等处用石膏腻子刮抹平整。

可采用油性腻子和快性腻子。用油性腻子一般在 12 ~ 24h 才能全部干燥；而快干腻子干燥较快，并能很好地粘附于所填嵌的表面，因此在部分损坏或凹陷处使用快干腻子可以缩短施工周期。

另外，也可用铁红醇酸底漆 50% 加光油 50% 混合拌匀，并加适量石膏粉和水调成腻子打底。一般第一道腻子较厚，因此在拌和时应酌量减少油分，增加石膏粉用量，可一次刮成，不用管光滑与否。第二道腻子需要平滑光洁，因而在拌和时可增加油分，腻子调得薄些。刮涂腻子时，可先用橡皮刮或钢刮刀将局部凹陷处填平。待腻子干燥后应加以砂磨，并抹除表面灰尘，然后再涂刷一层底漆，接着再上一层腻子。刮腻子的层数应根据金属结构的不同情况而定。金属结构表面一般可刮 2 ~ 3 道。

每刮完一道腻子待干后要进行砂磨，头道腻子比较粗糙可用粗铁砂布垫木块砂磨；第二道腻子可用细铁砂或 240 号水砂纸砂磨；最后两道腻子可用 400 号水砂纸仔细地打磨光滑。

（3）涂刷操作　涂刷必须按设计和规定的层数进行。涂刷的层数主要目的是保护金属结构的表面经久耐用，所以必须保证涂刷层数及厚度，这样，才能消除涂层中的孔隙，以抵抗外来的侵蚀，达到防腐和保养的目的。

8. 防腐涂膜质量检查

漆膜质量的好坏，与涂漆前的准备工作和施工方法等有关。

1）涂料品种多，使用的方法也不完全一样，使用时有的需按比例混合，有的需加入固化剂等。因此，使用涂料的组成、性能等必须符合设计要求，并且要注意涂料不能乱混合，不能把不同型号的产品混在一起。即使用同一型号的产品，但是属不同厂家生产的，也不宜彼此互混。

2）漆膜外观要求：应使漆膜均匀，不得有堆积、漏涂、皱皮、气泡、掺杂及混色等缺陷。

3）涂料和涂刷厚度应符合设计要求。如涂刷厚度设计无要求时，一般涂刷 4~5 遍。漆膜总厚度：室外为 125~175μm，室内为 100~150μm。配置好的涂料不宜存放过久，使用时不得添加稀释剂。

4）色漆在使用时应搅拌均匀。因为任何色漆在存放中，颜料和粉质颜料多少都有些沉淀，如有碎皮或其他杂物，必须清除后方可使用。色漆不搅匀，不仅使涂漆工件颜色不一，而且影响遮盖力和漆膜的性能。

5）根据选用的涂漆方法的具体要求，加入与涂料配套的稀释剂，调配到合适的施工浓度。已调配好的涂料，应在其容器上写明名称、用途、颜色等，以防拿错。涂料开桶后，需密封保存，且不宜久存。

6）涂漆施工的环境要求随所用涂料不同而有差异。一般要求施工环境温度不低于5℃，空气相对湿度不大于85%。由于温度过低会使涂料黏度增大，涂刷不易均匀，漆膜不易干燥；空气相对湿度过低易使水汽包在涂层内部，漆膜容易剥落。故不应在雨、雾、雪天进行室外施工。在室内施工应尽量避免与其他工种同时作业，以免灰尘落在漆膜表面影响质量。

6.8 钢结构安装工程施工质量检验

6.8.1 单层钢结构安装质量验收标准

1）适用于单层钢结构的主体结构、地下钢结构、檩条及墙架等次要构件、钢平台、钢梯、防护栏杆等安装工程的质量验收。

2）单层钢结构安装工程可按变形缝或空间刚度单元等划分成一个或若干个检验批。地下钢结构可按不同地下层划分检验批。

3）钢结构安装检验批应在进场验收和焊接连接、紧固件连接、制作等分项工程验收合格的基础上进行验收。

4）安装的测量校正、高强度螺栓安装、负温度下施工及焊接工艺等，应在安装前进行工艺试验或评定，并应在此基础上制定相应的施工工艺或方案。

5）安装偏差的检测，应在结构形成空间刚度单元并连接固定后进行。

6）安装时，必须控制屋面、楼面、平台等的施工荷载，施工荷载和冰雪荷载等严禁超过梁、桁架、楼面板、屋面板、平台铺板等的承载能力。

7）在形成空间刚度单元后，应及时对柱底板和基础顶面的空隙进行细石混凝土、灌浆料等二次浇灌。

8）吊车梁或直接承受动力荷载的梁其受拉翼缘、吊车桁架或直接承受动力荷载的桁架其受拉弦杆上不得焊接悬挂物和卡具等。

6.8.2　多层及高层钢结构安装质量验收标准

1）适用于多层及高层钢结构的主体结构、地下钢结构、檩条及墙架等次要构件、钢平台、钢梯、防护栏杆等安装工程的质量验收。

2）多层及高层钢结构安装工程可按楼层或施工段等划分为一个或若干个检验批。地下钢结构可按不同地下层划分检验批。

3）柱、梁、支撑等构件的长度尺寸应包括焊接收缩余量等变形值。

4）安装柱时，每节柱的定位轴线应从地面控制轴线直接引上，不得从下层柱的轴线引上。

5）结构的楼层标高可按相对标高或设计标高进行控制。

6）钢结构安装检验批应在进场验收和焊接连接、紧固件连接、制作等分项工程验收合格的基础上进行验收。

7）安装的测量校正、高强度螺栓安装、负温度下施工及焊接工艺等，应在安装前进行工艺试验或评定，并应在此基础上制定相应的施工工艺或方案。

8）安装偏差的检测，应在结构形成空间刚度单元并连接固定后进行。

9）安装时，必须控制屋面、楼面、平台等的施工荷载，施工荷载和冰雪荷载等严禁超过梁、桁架、楼面板、屋面板、平台铺板等的承载能力。

10）在形成空间刚度单元后，应及时对柱底板和基础顶面的空隙进行细石混凝土、灌浆料等二次浇灌。

11）吊车梁或直接承受动力荷载的梁其受拉翼缘、吊车桁架或直接承受动力荷载的桁架其受拉弦杆上不得焊接悬挂物和卡具等。

6.8.3　钢结构安装工程质量通病与防治

1. 单层钢结构安装工程

单层钢结构安装工程的缺陷主要包括钢柱垂直度偏差过大、钢柱柱身发生弯曲变形、钢柱长度尺寸偏差过大、钢屋架起拱过大、钢屋架跨度偏差过大、钢屋架垂直度偏差过大、钢吊车梁垂直度偏差过大等，其质量通病外在表现及防治技巧见表6-1。

表 6-1　单层钢结构安装工程质量通病及防治技巧

质量通病	外在表现及原因	防治技巧
钢柱垂直度偏差过大	钢柱垂直度偏差超过允许值	（1）在竖向吊装时，应正确选择吊点，一般应选在柱全长 2/3 柱上的位置，以防止因钢柱较长，其刚性较差，在外力作用下失稳变形 （2）吊装钢柱时还应注意起吊半径或旋转半径是否正确，并采取在柱底端设置滑移设施，以防钢柱吊起扶直时发生拖动阻力以及压力作用，促使柱体产生弯曲变形或损坏底座板 （3）当钢柱被吊装到基础平面就位时，应将柱底座板上面的纵横轴线对准基础轴线（一般由地脚螺栓与螺孔来控制），以防止其跨度尺寸产生偏差
钢柱柱身发生弯曲变形	风力对柱面产生压力，使柱身发生侧向弯曲；钢柱受阳光照射的正面与侧面产生温差，使其发生弯曲变形	（1）当校正柱子时，在风力超过 5 级时停止进行。对已校正完的柱子应进行侧向梁的安装或采取加固措施，以增加整体连接的刚性，防止风力作用变形 （2）校正柱子工作应避开阳光照射的炎热时间，可在早晨或阳光照射较低温的时间及环境内进行
钢柱长度尺寸偏差过大	钢柱长度尺寸偏差超过允许值	（1）钢柱在制造过程中应严格控制以下三个长度尺寸：①控制设计规定的总长度及各位置的长度尺寸；②控制在允许的负偏差范围内的长度尺寸；③控制正偏差和不允许产生正超差值 （2）基础支承面的标高与钢柱安装标高的调整处理，应根据成品钢柱实际制作尺寸进行，以实际安装后的钢柱总高度及各位置高度尺寸达到统一
钢屋架起拱过大	钢屋架起拱过大	（1）在吊装前的屋架应按不同的跨度尺寸进行加固和选择正确的吊点。否则钢屋架的拱度发生上拱过大或下挠的变形，以至影响钢柱的垂直度 （2）起拱的弧度加工后不应存在应力，并使弧度曲线圆滑均匀；如果存在应力或变形时，应仔细矫正消除。矫正后的钢屋架拱度应用样板或尺量检查，其结果要符合施工图规定的起拱高度和弧度；凡是拱度及其他部位的结构发生变形时，一定经矫正符合要求后，再进行吊装 （3）钢屋架在制作阶段应按设计规定的跨度比例（1/500）进行起拱

（续）

质量通病	外在表现及原因	防治技巧
钢屋架跨度偏差过大	钢屋架跨度偏差超过允许值	（1）为使钢柱的垂直度、跨度不产生位移、在吊装屋架前应采用小型拉力工具在钢柱顶端按跨度值对应临时拉紧定位；以便于安装屋架时按规定的跨度进行入位、固定安装 （2）如果柱顶板孔位与屋架支座孔位不一致时，不应采用外力强制入位，应利用椭圆孔或扩孔法调整入位，并用厚板垫圈覆盖焊接，将螺栓紧固。不经扩孔调整或用较大的外力进行强制入位，将会使安装后的屋架跨度产生过大的正偏差或负偏差 （3）屋架端部底座板的基准线必须与钢柱的柱头板的轴线及基础轴线位置一致
钢屋架垂直度偏差过大	钢屋架垂直度偏差超过允许值	（1）拼装用挡铁定位时，应按基准线放置 （2）拼装钢屋架两端支座板时，应使支座板的下平面与钢屋架的下弦纵横线严格垂直 （3）在制作阶段的钢屋架、天窗架，产生各种变形应在安装前，一定要矫正后再吊装 （4）拼装后的钢屋架吊出底样（模）时，应认真检查上下弦及其他构件的焊点是否与底模、挡铁误焊或夹紧，经检查排除故障或离模后再吊装 （5）钢屋架安装应执行合理的安装工艺 （6）各跨钢屋架发生垂直度超差时，应在吊装屋面板前，用起重机配合来调整处理
钢吊车梁垂直偏差过大	钢吊车梁垂直偏差超过允许值	（1）预先测量吊车梁在支承处的高度和牛腿距柱底的高度，若产生偏差，可用垫铁在基础上平面或牛腿支承面上予以调整 （2）吊装吊车梁前，防止垂直度、水平度超差应认真检查其变形情况，如发生扭曲等变形时应予以矫正，并采取刚性加固措施 （3）安装时应按梁的上翼缘平面事先划的中心线，进行水平移位、梁端间隙的调整，达到规定的标准要求后，再进行梁端部与柱的斜撑等连接 （4）钢柱安装时，应认真按要求调整好垂直度和牛腿面的水平度，以保证下部吊车梁安装时达到要求的垂直度和水平度 （5）钢柱在制作时应严格控制底座板至牛腿面的长度尺寸及扭曲变形 （6）吊车梁各部位置基本固定后应认真复测有关安装的尺寸，按要求达到质量标准后，再进行制动架的安装和紧固

2. 多层及高层钢结构安装工程

多层及高层钢结构安装工程的缺陷主要包括多层装配式框架安装变形过大、水平支撑安装偏差过大等，其质量通病外在表现及防治技巧见表6-2。

表6-2 多层及高层钢结构安装工程质量通病及防治技巧

质量通病	外在表现及原因	防治技巧
多层装配式框架安装变形过大	钢柱、钢梁及其配件有变形；吊装后轴线偏差超过允许值	（1）安装前，必须对钢柱、钢梁及其配件进行校正，校正合格后方可进行安装 （2）高层和超高层钢结构测设，根据现场情况可采用外控法或内控法 （3）雾天、阴天因视线不清，不能放线。为防止阳光对钢结构照射产生变形，放线工作在日出或日落后进行为宜 （4）钢尺要统一，使用前要进行温度、拉力、挠度校正，在可能的情况下应采用全站仪，接收靶测距精度最高 （5）在吊装过程中，对每一钢构件，都要检查其重量、就位位置、连接方式以及连接板尺寸，确保安全、质量要求
水平支撑安装偏差过大	水平支撑安装偏差过大	（1）安装时应使水平支撑稍作上拱略大于水平状态与屋架连接，使安装后的水平支撑即可消除下挠；如连接位置发生较大偏差不能安装就位时，不应采用牵拉工具用较大的外力强行入位连接，否则不仅会使屋架下弦侧向弯曲或者水平支撑发生过大的上拱或下挠，还会使连接构件存在较大的结构应力 （2）吊装时，应采用合理的吊装工艺，防止产生弯曲变形，导致其下挠度的超差。可采用下述方法防止吊装变形：①如十字水平支撑长度较长、型钢截面较小、刚性较差，吊装前应用圆木杆等材料进行加固；②吊点位置应合理，使其受力重心在平面均匀受力，吊起时不产生下挠为准
梁—梁、柱—柱节点接头施工端部节点不密合	梁—梁、柱—柱端部节点之间缝隙过大	（1）刚架横梁的高度与其跨度之比：格构式横梁可取1/15～1/25；实腹式横梁可取1/30～1/45 （2）梁—梁、柱—梁端部节点板焊接时，要将两梁端板拼在一起，有约束的情况下再进行焊接，可避免产生变形 （3）采用高强度螺栓，螺栓中心至翼缘板表面的距离，应满足拧紧螺栓时的施工要求 （4）门式刚架跨度大于或等于15m时，其横梁应起拱，拱度可取跨度的1/500，在制作、拼装时应确保起拱高度，注意拼装胎具下沉影响拼装过程起拱值

第7章 大跨度空间钢结构安装施工

7.1 高空原位安装

高空原位安装法按安装构件的形式（散件或分片组装单元）分为高空原位散件安装和高空原位单元安装。

7.1.1 高空原位散件安装技术

高空原位散件安装技术又称为全支承安装技术，通常是在结构下部设置满堂支承（或满堂脚手架），利用其作为支承在空中原位完成结构散件拼装，如图7-1所示。

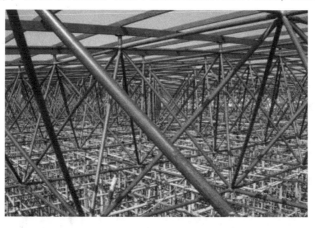

图 7-1 高空原位散件安装

满堂支承通常采用扣件式脚手架或者碗扣式脚手架。以扣件式满堂支承为例，钢管规格一般采用外径48mm、壁厚3.5mm的焊接钢管，或外径51mm、壁厚3～4mm的无缝钢管。整个脚手架系统由立杆、小横杆、大横杆、剪刀撑、拉撑件、脚手板以及连接它们的扣件组成。扣件式满堂支承根据剪刀撑的设置可分为普通型和加强型两种。当架体沿外侧周边及内部纵、横向每隔5～8m，设置由底至顶的连续竖向剪刀撑，在竖向剪刀撑顶部交点平面设置连续水平剪刀撑，且水平剪刀撑距架体底平面或相邻水平剪刀撑的间距不超过8m时，定义为普通型满堂支承；当连续竖向剪刀撑的间距不大于5m，连续水平剪刀撑距架体底平面或相邻水平剪刀撑的间距不大于6m时，定义为加强型满堂支承，如图7-2所示。满堂支承搭设高度不宜超过30m，高宽比不应大于3。

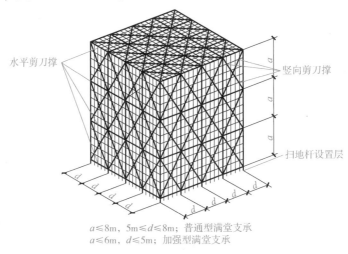

$a \leqslant 8m$，$5m \leqslant d \leqslant 8m$：普通型满堂支承
$a \leqslant 6m$，$d \leqslant 5m$：加强型满堂支承

图7-2　扣件式满堂支承

高空原位散件安装适用于高度和跨度都不是很大、杆件数量较少的结构，优点是易于控制节点坐标、施工灵活、脚手架回收利用率高，缺点是支承使用量较大、搭设繁琐、高空作业多、工期较长、占用场地空间过大等。

7.1.2　高空原位单元安装技术

高空原位单元安装技术是高空原位散件安装技术的一种改进，它的施工顺序为：首先将结构合理分成施工段，并将各施工段内的结构分成吊装单元，在地面将构件和节点组装成吊装单元；然后根据分段情况，在分段处设置施工支承体系；再利用起重设备将吊装单元吊装在施工支承体系上，并进行杆件补装；最后待结构形成完整结构体系后，进行卸载作业，使结构达到设计状态，如图7-3～图7-5所示。

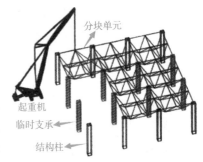

图7-3　高空原位单元安装简图

图 7-4　吊装单元地面拼装　　　　图 7-5　格构支承原位安装

高空原位单元安装的优点是安装精度较高、施工速度较快、施工较为安全。与高空原位散件安装技术相比，以点式支承代替满堂支承，大量节省了施工支承，且大部分拼接工作在地面完成，质量易于控制、高空作业相对较少、施工效率高。

1. 吊装单元划分

吊装单元划分时，应综合考虑技术、质量、安全、工期、经济等多方面因素，通常包括以下几个方面：

（1）满足吊装设备的起重性能　吊装单元的划分应满足吊装设备的起重性能，设备起重量、起重高度、吊装半径等要素需认真核对，保证构件能够顺利吊装。

（2）便于交通运输　构件运输时分段长度不宜大于 18m，高度不宜超过 3.5m，宽度不宜超过 4m。

（3）便于吊装单元的地面拼装　吊装单元的划分应尽量减小地面拼装临时支承的高度，以减少其所需的措施量及高空作业量，并通过单元的合理划分减少高空散件补装。

（4）利于临时支承系统的布置　应考虑分段处的临时支承基础位置，尽量将支承底座生根于结构柱或结构梁上，保证临时支承系统的受力合理性。

（5）合理划分吊装单元　在满足设备吊装和运输要求的基础上，尽可能大地划分吊装单元，以有利于缩短施工工期，减少支承用量。

2. 吊装单元拼装

吊装单元的现场地面拼装主要内容包括拼装方法、场地处理、精度控制和检验标准。

（1）拼装方法　对于较复杂的吊装单元，地面拼装前应根据构件的空间位置进行计算机实体模拟，建立拼装支承三维模型，定好拼装单元某点坐标后，依次推算出其余各支撑部位的空间坐标；然后根据计算机模型 1:1 放样，设置仿形拼装支承，根据构件形式，采用卧式或立式的拼装方法，将散件在支承上组装成吊装单元。

（2）场地处理　在制作拼装支承之前，要对拼装场地进行整平硬化处理，通常可采用素土夯实、浇筑混凝土或者铺设钢板等方式，以避免外部环境对拼装精度产生不利影响。

（3）精度控制及检验标准　用水准仪测量平台基准面的标高，确定测量基准面，根据在工厂制作时的焊接工艺试验，预先留出各类收缩量，拼装完后进行检查。结构单元地面拼装主要检查各构件的相对位置、杆件角度、接口尺寸和接缝、空间坐标、测量控制点位置等关键控制指标是否符合设计要求，为结构安装提供准确的定位信息，确保安装精度。拼装项目及允许偏差见表7-1、表7-2。

表7-1　拼装项目及允许偏差（一）

构件类型	项目	允许偏差/mm	检查方法
主杆件 次杆件	拼装单元总长	±5.0	用钢尺检查
	拼装单元弯曲矢高	$L/1500$ 且不应大于 10.0	用拉线和钢尺检查
	接口错边	2.0	用焊缝量规检查
	拼装单元扭曲	$h/200$ 且不应大于 5.0	拉线、吊线和钢尺检查
	对口错边	$t/10$ 且不应大于 3.0	用焊缝量规检查
	坡口间隙	+2.0 −1.0	
制作单元平面总体拼装	相邻梁与梁之间距离	±3.0	用钢尺检查
	结构面对角线之差	$H/2000$ 且不应大于 5.0	
	任意两对角线之差	$\sum H/2000$ 且不应大于 8.0	

注：L 为单元长度、跨度；h 为截面高度；t 为对接板材厚度；H 为柱高度。

表7-2　拼装项目及允许偏差（二）

项目		允许偏差/mm
搭接接头长度偏差		±5.0
对接接头错位	$t \leq 16mm$	1.5
	$16mm < t < 30mm$	$t/10$
	$t \leq 30mm$	3.0
对接接头间隙偏差	手工电弧焊	+4.0 0
	埋弧自动焊和气体保护焊	+1.0 0

（续）

项目	允许偏差/mm
对接接头直线度偏差	2.0
根部开口间隙偏差（背部加衬板）	±2.0
焊接组装构件端部偏差	3.0
加劲板或隔板倾斜偏差	2.0
连接板位置偏差	2.0

注：t 为对接板材厚度。

3. 施工支承

（1）施工支承形式　高空原位单元拼装施工时常采用的施工支承形式包括型钢施工支承、格构式施工支承等。

1）型钢施工支承。当结构高度较低、自重不是很大时，可以考虑采用圆形钢管、矩形钢管等型钢作为施工支承，在施工支承底部通过设置预埋件、在中部及顶部位置设置水平连系杆以保证施工支承的稳定性。

2）格构式施工支承。当结构高度较高、自重较大时，应采用格构式施工支承。格构式施工支承由底座、支承节以及顶部工装组成。近年来，随着施工工艺的不断提高，格构式施工支承由原先的"现做现用"，正在逐步发展为标准化形式，将施工支承设计成由若干标准节、调整节组合而成，具有运输方便、安装效率高、重复使用率高的优点，如图7-6所示。

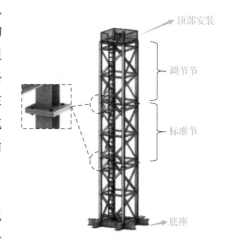

图 7-6　标准化格构式施工支承

施工支承在设计时，需要计算的内容包括施工支承的整体稳定性计算、最大受力分肢稳定性计算、连系支撑或附着支撑稳定性计算、连接强度计算、地基承载力和底座与基础预埋件连接强度的计算。

（2）支承稳定性措施　当支承高度过高，须对支承采取一些增加其稳定性的措施。常用的方法有底座固定、增设连系支撑、增设附着支撑、拉设缆风绳等。

1）底座固定。施工支承采用地脚螺栓或钢板预埋件，将其基座与地基或楼承板固定，保证支承在使用过程中不会发生移动、侧翻等危险。

2）增设连系支撑。连系支撑用于施工支承组之间的连接，减小单独支承结构的计算长度，保持支承组的稳定性，构成空间受力体系，如图7-7所示。连系支撑可由桁架等定型构件组成，也可根据工程实际采用型钢制作。

3）增设附着支撑、缆风绳等附着措施。附着支撑、缆风绳等用于将独立施工支承或施工支承组与已建成的具有较大刚度的建筑、构筑物或地面锚固措施连接在一起，以保证施工支承或施工支承组的整体稳定性。附着支撑如图7-8所示。

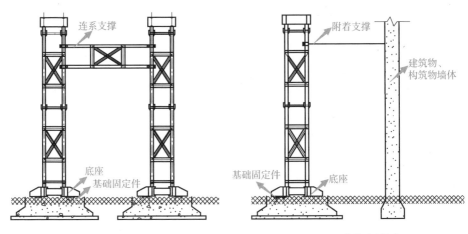

图7-7 连系支撑图   图7-8 附着支撑图

7.1.3 构件吊装

1. 吊装方式

钢结构吊装方式结合实际条件一般可采用吊耳吊装、吊环吊装和捆绑吊装。

（1）吊耳吊装 设置吊耳是钢结构吊装常用方法。根据吊装设计要求，在钢结构深化设计时，需在构件上设置吊装耳板。吊耳一般分为三种形式：专用吊耳、专用吊具和临时连接板。吊耳如图7-9所示。

（2）开孔吊装 开孔吊装是钢梁吊装的常用方法之一。该方法是在钢梁翼缘边缘开设小孔，小孔的大小满足吊环或卡扣穿过即可。这种做法不仅可节约钢材，而且便于吊装、

图7-9 吊耳

安全可靠，如图7-10所示。

对于重量较大、板厚较厚的构件不宜采取该方法，一般板厚小于16mm、重量小于4t的钢梁可采用此种吊装方法。

（3）捆绑吊装 捆绑吊装通常用于吊装钢梁及大型节点等。捆绑吊装实施方便，免去了焊接、割除隔板、开设孔洞的工序，但捆绑吊装对钢丝绳要求较高，绑扎必须认真仔细，需防止绑扎不牢从而导致构件滑落事

图7-10 钢梁设置吊装孔

故。绑扎吊装通常与"保护铁"联合使用，以防出现构件尖锐的边缘损伤钢丝绳，甚至划断钢丝绳的现象发生。钢梁捆绑吊装如图7-11所示。

图7-11 钢梁捆绑吊装

2. 注意事项

吊装前，吊绳方向及角度应尽量对称并通过手拉葫芦张紧，吊钩位置应与单元重心位于同一铅垂线上，保证各绳均匀受力。吊装单元系上溜绳，确保起吊过程中的安全和定位方便。

起吊前钢构件应放在垫木上，起吊时不得使构件在地面上有拖拉现象。当钢构件分段重量较大、长度较长时，为了防止在地面上拖拉，可采用汽车吊等设备在另一端进行辅助起吊，将构件扶直回转时，需有一定的高度。

起吊后经过姿态调整，将起吊构件缓慢吊至就位位置上方，对准已测量放线完

并调节到位的定位装置,缓缓落钩,使构件安全落于支承上。在就位过程中,应避免对支承的振动冲击,确保节点定位精度。

钢构件的吊装应按照各分区的安装顺序进行,并及时形成稳定的结构体系。

7.2 提升施工技术

7.2.1 概述

大跨度钢结构提升技术是指将构件和节点在地面或适当的位置组装,然后采用多台提升机械将结构提升至设计位置的安装工艺,根据提升的部件不同,可分为整体提升、单元提升、累积提升等。目前,提升机械多采用由计算机控制的液压提升器,工程规模较小或条件不具备时也可选用传统的捯链、卷扬机组等,如图7-12所示。

该技术具有以下优点:

1)通过提升设备扩展组合,提升重量、跨度、面积不受限制。

2)采用柔性索具承重,只要有合理的承重吊点,提升高度与提升幅度不受限制,并可减少高空作业,减少措施量,提高作业安全性。

3)设备体积小,自重轻,承载能力大,适合在狭小空间进行大吨位构件安装,可节省大型起重机的投入。

图7-12 大跨度钢结构连廊高空整体提升

7.2.2 工作原理

液压同步提升技术以立柱和钢绞线等为承重部件,以液压提升器为执行部件,以电气和计算机系统为控制部件。立柱作为承载提升器的基础,承担所有被提升结构和机具的重量;钢绞线作为提升索具,与提升器的夹片锚具配合传递提升力,实现提升过程中结构件的升降和锁定;液压提升器由液压泵站提供动力,通过油缸的升缩和上下锚具的交替置换，实现提升动作；电气和计算机系统根据各类位置和荷载传感器的信号，结合同步（异步）或荷载控制的要求，下达各类作业命令，控制提升器的运作以及提升结构的姿态。

利用提升器提升时，上锚具夹紧钢绞线，下锚具松开（图 7-13a），主油缸向上运动，将上锚具往上顶升，钢绞线随上锚具上行，重物随钢绞线被提升一个行程（图 7-13b）；主油缸满行程后，下锚具夹紧钢绞线，使重物保持不动（图 7-13c）；然后上锚具松开，随油缸缩回到起点位置（图 7-13d），准备开始下一个提升行程。就这样，随着油缸伸缩、上下锚具的交替紧松，钢绞线逐步提升，整个重物也随之徐徐上升。

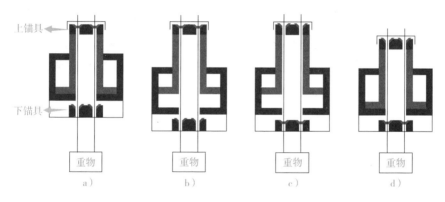

图 7-13　液压提升工作示意图

a）步骤一　b）步骤二　c）步骤三　d）步骤四

7.2.3　系统组成

液压同步提升系统由钢绞线、液压提升器、液压泵站、传感检测器及计算机控制和远程监视系统组成。

液压泵站是提升系统的动力驱动部分，它的性能及可靠性是整个提升系统的关键。在不同的工程使用中，由于吊点的布置和液压提升器的配置都不尽相同，为了提高液压提升设备的通用性和可靠性，泵源液压系统的设计可采用模块化结构，根据提升重物吊点的布置、液压提升器数量和液压泵源流量，进行多个模块的组合，每一套模块以一套液压泵源系统为核心，可独立控制一组液压提升器，同时用比例阀块箱进行多吊点扩展，以满足各种类型提升工程的实际需要。

当提升结构重量不大时，可根据情况选用其他提升机械，如倒链、卷扬机等。

电动葫芦及手动倒链一般使用在小于 10t 的物件提升中；当物件重量较大时，采用卷扬机进行提升，但常规卷扬机提升物件重量一般不应大于 50t。倒链、卷扬机如图 7-14、图 7-15 所示。

图 7-14　倒链示意图　　　　　　　　　图 7-15　卷扬机示意图

7.2.4　辅助设备与零配件

提升是多个系统有序协调配合完成的工作过程，其中部分细小的构配件或小设备也是不可或缺的，这些设备功能单一、尚且不能组成有机的系统，因此将其统称为辅助设备。提升中，常见的辅助设备主要有吊耳、卡环、吊钩、钢丝绳（缆风绳）等器具。

1. 吊耳

吊耳是指吊装时物件与索具过渡连接的临时部件，吊装完成后需进行拆除，是焊接在设备、塔架、固定地锚、平衡梁等构件上的刚性连接件。吊耳一般由钢板制作而成，通过切割、制孔成型，质量主控参数为钢材材质、板件厚度、孔壁厚度等，其承载力须计算确定。常用竖向单点提升构件吊耳如图 7-16 所示，其参数见表 7-3。

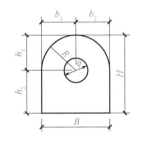

图 7-16　吊耳剖面示意图

表 7-3　竖向单点提升构件吊耳选用参考表

序号	吊量 /t	板厚 /mm	焊脚高度 /mm	h/mm		B/mm		H/mm	
				h_1	h_2	b_1	b_2	R	φ
1	5	10	7	45	75	45	45	45	30

（续）

序号	吊量 /t	板厚 /mm	焊脚高度 /mm	h/mm		B/mm		H/mm	
				h_1	h_2	b_1	b_2	R	φ
2	10	12	8	68	87	68	68	68	55
3	15	20	10	68	87	68	68	68	55
4	20	20	10	78	128	78	78	78	55
5	25	20	10	120	160	120	120	120	80
6	30	25	10	125	160	125	125	125	80
7	40	30	12	120	160	125	125	125	90
8	50	35	13	130	180	145	145	145	100
9	75	40	15	150	200	170	170	170	120
10	100	50	15	200	250	180	180	190	120

注：吊耳材质 Q345B，吊耳与物件焊接部位开设剖口，满足 35° < 剖口角度 < 45° 的要求。

2. 卡环

卡环是用于连接索具和吊耳的连接件，由环圈和销轴构成，环圈一般用 20 号、25 号钢锻制，销轴多采用 40 号或 45 号钢。一般卡环的起重量为 2.0 ~ 160kN，在重型吊装作业中，大吨位的卡环起重量可达 200 ~ 3200kN，常用卡环规格尺寸如图 7-17 所示，常用卡环规格尺寸及安全负荷参考见表 7-4。

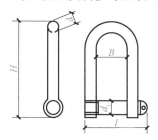

图 7-17 常用卡环规格尺寸示意图

表 7-4 常用卡环规格尺寸及安全负荷参考

序号	号码	直径 /mm	安全负荷 /kN	主要尺寸/mm					质量/kg
				d_1	d	l	B	H	
1	0.2	4.7	2.0	M8	6	35	12	35	0.02
2	0.3	6.5	3.3	M10	8	44	16	45	0.03
3	0.5	8.5	5.0	M12	10	55	20	50	0.05

（续）

序号	号码	直径/mm	安全负荷/kN	主要尺寸/mm					质量/kg
				d_1	d	l	B	H	
4	0.9	9.5	9.3	M16	12	65	24	60	0.10
5	1.4	13	14.5	M20	16	86	32	80	0.20
6	2.1	15	21.0	M24	20	101	36	90	0.30
7	2.7	17.5	27.0	M27	22	121	40	100	0.50
8	3.3	19.5	33.0	M30	24	123	45	120	0.70
9	4.1	22	41.0	M33	27	137	50	120	0.94
10	4.9	26	49.0	M36	30	158	58	130	1.23
11	6.8	28	68.0	M42	36	176	64	150	1.87
12	9.0	31	90.0	M48	42	197	70	170	2.63
13	10.7	34	107.0	M52	45	218	80	190	3.60
14	16.0	43.5	160.0	M64	52	262	100	235	6.60

3. 吊钩

吊钩是起重机械使用的最常见的一种吊具，常借助于滑轮组等部件悬挂在起升机构的钢丝绳上。按形状分为单钩和双钩，按制造方法分为锻造吊钩和叠片式吊钩。单钩制造简单、使用方便，但受力情况复杂，大多用在起重量为80t以下的工作场合；起重量大时常采用受力对称的双钩。使用时根据起重量选择型号，常用吊钩如图7-18所示，其主要技术规格见表7-5。

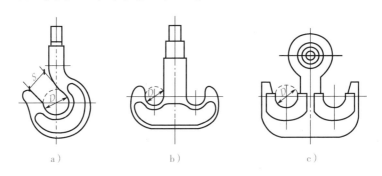

图7-18　吊钩示意图

a）锻造单钩　b）锻造双钩　c）叠板双钩

表7-5　吊钩的主要技术规格参考

设备种类	起重量/t	类型/mm		主要尺寸			质量/kg
				D	s	t	
电动葫芦	0.1, 0.25	锻造单钩	短钩型	20	14	—	0.32
	0.5			30	22	—	0.45
	1			40	30	—	1.2
	2			50	40	—	2.5
	3			60	50	—	3.2
	5			75	60	—	7
	10			100	80	—	22
桥式起重机	3		长钩型	65	50	—	8
	5			85	65	—	15
	8			110	85	—	30
	12.5		短钩型	130	100	—	40
	16			150	120	—	55
	20			170	130	—	84
	32			210	160	—	185
	50			270	205	—	319
	75	双钩	锻造	240	—	435	471
	100	双钩	叠板	250	—	550	1200

4. 钢丝绳（缆风绳）

钢丝绳是由多层钢丝捻成股，再以绳芯为中心，由一定数量股捻绕成螺旋状的绳，具有抗拉强度高、弹性大、挠性好、耐磨损、寿命长、价格适中等诸多优点，故使用非常广泛。

7.2.5　施工工艺

1. 工艺流程

提升施工方法的基本步骤为：首先，在地面完成被提升结构的拼装，必要时加设内部支撑杆件；同时，安装提升支承或利用下部结构柱作为提升器支座，在支承或柱顶布置提升器；然后，通过提升器进行试提升，检查提升状态；最后，将重物提升到设计位置，并拆除吊装机具，具体流程如图7-19所示。

提升操作的注意事项：

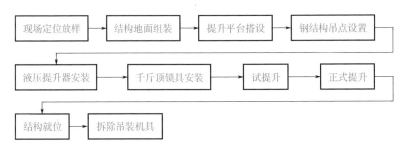

图 7-19 提升工艺流程

1）钢结构提升前应全面核查钢结构、提升平台、提升支承、提升器、钢绞线、液压泵站、地锚及其他零配件、自动控制系统的质量验收资料和运行状态，合格后填写书面记录；配备的指挥通信系统及设备须经过试用；对所有参加提升工作的人员必须进行严格培训，合格后才能参加提升工作。

2）提升过程配备足够的备用材料、设备和维修人员；在提升钢结构外轮廓安装报警器时，若钢结构与周围结构相碰，可自动报警，并马上停止提升；选择一周内风力小于 6 级的天气进行作业，若遇地面 6 级以上的风力，要停止提升，并加设限位装置，防止钢结构与周围结构碰撞；雷雨天气暂停作业。

3）试提升应逐步加载进行，至钢结构刚离开支承（离地 20cm 以上），锁紧锚具，空中静止，观察承载结构受压后的侧向位移及提升器放置位置的局部承压变形、被提升钢结构的变形、提升钢平台的变形、各吊点连接情况，以及提升器、钢绞线、夹锚具、油泵、自动控制系统的工作情况等。

2. 技术要点

（1）提升吊点的选择　采用液压同步提升技术吊装大跨度钢结构时，必须事先选择好合适的提升吊点。吊点的选择应首先考虑被提升结构的受力性态，以尽量不改变结构的设计受力状态为原则，即在提升的全过程中，结构的应力比及变形值均控制在国家相关规范容许的范围内。为此，应根据施工状态，建立计算模型，进行结构变形与构件承载力的跟踪验算。实际操作时还应对关键部位的杆件应力与控制节点的变形进行监测。提升吊点平面布置如图 7-20 所示。

（2）提升器放置位置　提升器应位于结构吊点的正上方，并应高于结构支座设计位置一定高度。当利用下部结构柱作为提升器支座时，通常需在柱顶接长设置钢支承并在顶部设置悬挑架，以安装提升器，如图 7-21 所示。钢结构短支承截面及其在混凝土柱顶的锚固措施、提升器在钢结构短支承上的锚固措施等必须进行验算。

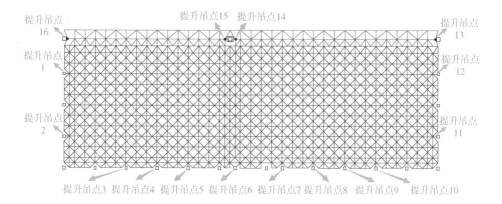

图 7-20　提升吊点平面布置图

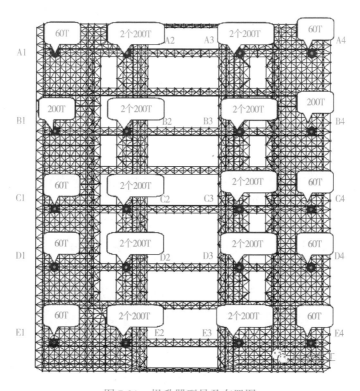

图 7-21　提升器型号及布置图

（3）同步性控制　在采用提升施工时，如果各吊点间的高差控制不当，可能会导致吊点周围局部构件内力变大、受力改变、局部失稳，更有甚者会造成吊点断裂。为此，同步性的控制是结构提升过程中的重中之重。进行同步控制时，利用布置于每个提升吊点下的激光测距仪，实时监测提升中结构控制点的标高，并通过网络将数据传送给主控计算机，主控计算机根据各个吊点当前的高度差，发送信号控制油泵站阀门的出油量，进而调节提升吊点高度位置，实现同步提升。另外，为了加强整个提升过程的安全性，可根据实际情况进行多工况吊点不同步的验算，以保证即使发生一定的不同步，结构的强度、整体稳定和构件的局部稳定也可满足要求。

(4) 支承柱承载力与稳定性控制　对于大面积的空间网格结构，常采用周边点支承，支承柱数量相对较少，而且高度高、受荷大，施工期间将其作为提升器的承载构件可能会超出其自身的设计受力状态。为此，提升前必须根据提升过程中支承柱的强度、受力状态进行跟踪验算，并采取以下措施：

1）应尽可能等下部结构施工成完整的纵向框架体系后，或根据工程的实际情况加设临时柱间支撑形成稳定的纵向框架体系后再进行提升。

2）若提升支柱为格构式钢柱，为使各肢均匀受力，确保提升阶段柱子的稳定，宜选用网格结构的支座中心作为提升点，使网格结构提升点受力中心与其使用阶段支承中心重合。

3）在提升网架时，可将提升点设在网架下弦节点处，使提升支柱的高度降低，增加提升支柱的稳定性。

4）在提升阶段当实际风荷载大于验算取值时，应停止提升，并用缆风绳拉紧。缆风绳应做好锚固，并能抵抗实际的风力。

5）提升过程结构响应控制。从安装的角度讲，结构在提升过程中的变形不能太大，否则结构提升至设计位置后，与边界的拼接会遇到困难；从安全性角度讲，提升过程中结构不能整体失稳，杆件不能弯曲与拉断；从设计角度讲，提升结构提升过程中所有杆件应保持在弹性范围内，所有节点的挠度均应在设计容许值以内，以保持结构变形的"可逆性"，即当提升结构就位后，可以恢复到自重作用下与设计基本一致的受力和变形状态。

为此，应首先对提升支承、提升器、提升索具、被提升结构等进行计算机跟踪模拟分析，预先获得提升过程中各种状态的应力与变形状态，并借此设置变形预调值。结构在地面拼装时，可通过加设临时支承、板件等加固被提升结构，达到控制局部变形或改善局部应力状态、保证提升过程中结构承载力与稳定性的目的。

6）液压提升力的控制。通过计算得到同步提升工况下各吊点的提升力与可能出现的不同步提升工况下各吊点的最大提升力，依据所计算的提升力范围对每台液压提升器的最大提升力进行相应设定。实际操作中，当遇到某吊点实际提升力有超出设定值趋势时，液压提升系统会自动采取溢流卸载，使得该吊点提升反力控制在设定值之内，以防出现各吊点提升反力分布严重不均，造成被提升结构或提升系统的损坏。

7.3　顶升施工技术

顶升施工技术是指将结构拼装成整体后，用顶升设备（液压千斤顶）和顶升架将结构逐步顶升到设计标高的施工方法。采用顶升施工可以减少高空作业量，且顶升面积不受限制，与提升技术相比，顶升设备在地面进行顶升作业，无须在高空设置施工作业点，节约了提升施工支承等措施，但顶升作业需要采用支承架和顶升架配合施工，当结构高度过高或顶升点过多时，顶升架用量较大，经济性不佳。顶升装置如图 7-22 所示。

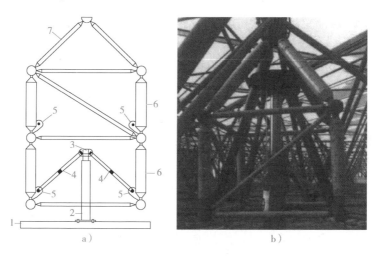

图 7-22　顶升装置

a）顶升装置示意图　b）顶升装置实物图

1—底座　2—顶举液压千斤顶　3—顶举帽　4—连接臂

5—耳板　6—螺栓球格构柱标准节　7—螺栓四角锥

1. 工作原理

顶升的工作原理为：结构在地面完成整体拼装后，均匀布置若干套顶升装置，每套顶升装置包括一逐步加高的支撑架、顶升架和一顶举液压千斤顶，顶升架与支撑架铰接（图 7-23a）；液压千斤顶通过顶举顶升架抬高支撑架，进而抬高重物

（图7-23b）；重物顶升至一定高度后，在支撑架下方安装支撑架标准节（图7-23c）；之后千斤顶回缩，顶升架与下部标准节相连，完成一个顶升步骤（图7-23d）。

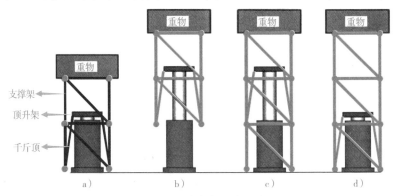

图 7-23　顶升施工原理图

a）步骤一　b）步骤二　c）步骤三　d）步骤四

2. 系统组成

液压顶升系统的组成与提升系统组成类似，只是将提升器及钢绞线换为液压千斤顶、顶升架和支撑架。

3. 施工工艺

（1）顶升施工工艺流程　顶升施工工艺流程如图7-24所示。

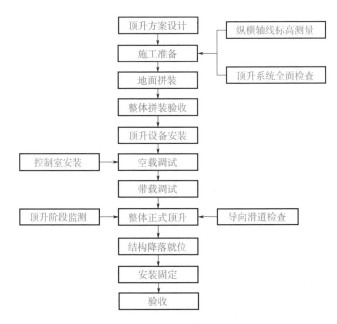

图 7-24　顶升施工工艺流程

（2）一般工艺要求

1）同步性控制。顶升施工同步性控制与提升施工技术相似，即可利用布置于每个提升吊点下的激光测距仪，实时监测提升中结构控制点的标高，并通过网络将数据传送给主控计算机，主控计算机根据各个吊点当前的高度差，发送信号控制油泵站阀门的出油量，进而调节提升吊点高度位置，实现同步顶升。

2）垂直度控制。顶升垂直度控制主要为网架顶升差值的控制，由于各顶升点顶升差值的影响，会引起结构杆件和千斤顶受力不均而造成危害。影响顶升差值的主要因素是不同步顶升及顶升架刚度不足。因此，在操作上应严格控制各顶升点的同步上升，同时在作业前应对顶升架进行严格验收，顶升过程中检测顶升架的作业状态，还可以通过设置顶升导轨的方式，保障结构的垂直顶升。

3）结构柱稳定性控制。当利用结构柱作为顶升的支承结构时，应验算柱子在施工过程中承受风力及垂直荷载作用下的稳定性，并采取相关措施保证柱子在施工期间的稳定性，如设置临时柱间支撑等。

7.4　滑移施工技术

7.4.1　概述

当现场施工场地不便于吊装设备行走、安装位置不便于吊装或采用常规吊装方法所用的设备型号过大时，通常可采用滑移施工技术。滑移施工技术是利用能够同步控制的牵引或顶推设备，将分成若干个稳定施工段的结构沿着设置的轨道，由拼装位置移动到设计位置的安装技术。液压顶推器如图 7-25 所示。

图 7-25　液压顶推器

滑移技术工艺的优点包括：可加快施工进度、减少支承用量、节约大型设备、节约施工用地、可解决吊装设备无法辐射位置的结构安装难题。

其工艺控制要点是：被滑移结构要有足够的刚度来满足施工滑移的要求；铺设强度及刚度均满足要求的滑移专用轨道；通过计算机控制系统实现多点牵拉（顶推）时的同步控制等。

7.4.2 滑移方法

根据滑移主体的不同滑移方法分为结构滑移和施工支承滑移，根据滑移路线的不同又分直线滑移和曲线滑移。

1. 结构滑移

（1）结构滑移概况 结构滑移是先将结构整体（或局部）在具备拼装条件的场地组装成形，再利用滑移系统将其整体移位至设计位置的一种安装方法，如图7-26所示。采用这种安装技术，组装场地和组装机械设备可集中使用。与原位安装法相比，可减少支承措施与操作平台的用量，节约场地处理费用与管理成本。

结构滑移又分为逐段滑移和累积滑移两种方式。逐段滑移是指逐段将拼装好的滑移段从组装位置直接滑移至设计位置，直至形成整体结构。累积滑移是指将拼装好的滑移段，滑移一段距离后，所用措施继续用于下一段续拼，续拼好后再一起滑移一定距离，然后再续拼，再滑移，直至形成

图7-26 滑移结构就位

整体结构。逐段滑移法需要的滑移动力小，但需要逐段进行高空补装，对滑移段的刚度要求也较高；而累积滑移法需要的滑移动力会累积增大，但结构逐次续拼成整体，刚度越来越接近设计状态，另外也不用脱离工作平台去高空补装杆件。从工期与安全性方面考虑，累积滑移相对具有一定的优势，因此也被更多地采用。

（2）注意事项

1）应用结构滑移技术时，下部支承结构体系应便于铺设滑移轨道，铺设的轨道应平行、水平，避免出现卡轨现象。

2）屋盖结构可拆分成若干个独立承载的结构段，这些结构段在滑移过程中应为几何稳定体系，并具有足够的刚度和承载力。为此，需根据滑移状态建立计算模型进行模拟分析。

3）当采用多点牵引滑移时，应通过计算分析评估因牵引不同步对结构造成的不利影响，必要时可对滑移单元进行临时加固，将不利影响控制在容许的范围内。

4）滑移段在与其他段组装前，与下部结构固定前，均与设计工作状态不同，除了会产生一定的变形外，还可能发生横向或纵向移动。为此，应对滑移段采取防"滑落"措施，如在两侧支座处横向拉设刚性拉杆或柔性拉索等。

2. 施工支承滑移

（1）施工支承滑移概况 施工支承滑移是指在结构的下方架设可移动施工支承与工作平台，分段进行屋盖结构的原位拼装，待每个施工段完成拼装并形成独立承载体系后，滑移施工支承体系至下一施工段再进行拼装，如此循环，直至结构安装完成为止。施工支承滑移如图 7-27 所示。

此种方法适用于结构体系高、大、复杂，施工现场不能提供拼装场地，屋盖结构本身不适合采取结构滑移的情况。

图 7-27 施工支承滑移示意图

（2）注意事项

1）支承措施与平台应按实际工作状态，包括屋盖结构拼装状态与滑移状态，进行受力分析与承载力、刚度、整体稳定性的验算，并合理设计滑移系统，设计时应将支承平台滑移时的惯性力考虑在内。

2）应采用计算机控制系统控制滑移的同步性，避免不同步对支承平台带来损伤。

3）铺设的轨道应平行、水平，避免卡轨现象造成支承结构的扭转。

3. 曲线滑移

（1）曲线滑移概况 大跨度结构造型奇异多变，部分结构在平面上呈曲线形式，当采用滑移施工时，其滑移路线是一条曲线，我们将这种滑移称为曲线滑移。曲线滑移的主体可以是屋盖结构，也可以是施工支承体系，其滑道为平行曲线。广州新白云机场曲线滑移如图 7-28 所示。

图 7-28 广州新白云机场曲线滑移示意图

（2）注意事项

1）曲线滑移需采用万向滚轮滑移支座。

2）曲线滑移滑移轨道布置在不同半径的同心圆弧上，需要保证同角速度滑移，同步控制难度大，通常通过对不同轨道线速度的控制达到角速度的同步。

3）曲线结构在未形成整体稳定结构前，结构受力情况更加复杂。为此，应建立实时计算机模型，对其工作状态进行跟踪分析，并根据分析结果采取相应对策，确保安装的顺利进行。

7.5　卸载施工技术

大跨度钢结构施工过程中，不可避免地会利用支承作为结构成型前的承载体系。由于结构体系和施工方法的不同，有时支承会承受巨大的荷载作用。当结构合拢成型后，需要将支承拆除，随后结构自重和外部荷载完全转移给完工的结构体系，这个过程称为卸载，卸载中使用的技术称为支承卸载技术。卸载时，支承体系受力转换为结构体系自身受力，结构的受力状态会发生根本变化。转换过程中，若荷载转移过程过于突然、不合理，会造成结构或支承体系的失稳甚至破坏。故大跨度钢结构组装完毕后，必须制定合理的卸载方案，采取安全可靠的卸载工艺技术，确保卸载过程中结构与支承处于安全状态。

7.5.1　卸载准备

1. 制定卸载方案

施工前应根据现场条件与结构特点制定卸载方案，并进行卸载过程仿真计算分析，选择经济合理的卸载方法，包括确定卸载点数量与布置、卸载位移控制方式、进行卸载点连接设计、选择或制作卸载机具等。

2. 核算支承

按卸载的实际情况，核算卸载点下的支承。如卸载过程中会给支承带来不利影响，应提前进行加固。

3. 结构预验收

卸载前，应对结构进行施工质量预验收，并做好记录，发现问题，及时纠正。

4. 成立卸载组织机构

卸载组织机构一般由卸载总指挥、记录员、结构检查组、支架检查组、卸载操作组、监控检测组、应急组等组成。总指挥负责卸载的统一指挥并对异常情况进行判断；记录员负责记录卸载过程的各项数据；结构观察查组负责在卸载过程中观察结构杆件、焊缝或螺栓节点有无异常；支架检查组主要检查支架在卸载过程中有无异常；监测组负责对结构与支架变形以及卸载过程中构件内力进行监测；卸载操作组负责操作卸载设备，并记录卸载点位移值等数据；应急组主要负责现场突发情况的应对，如更换设备、启用备用电源等。

5. 试卸载

在上述准备工作完成后，进行试卸载，主要检验总指挥与各卸载点的操作组和各检查组、监控组之间信息的传达与反馈是否通畅清晰；监测的设备运行是否完好，备用电源是否可靠；各卸载装备的型号性能与方案是否吻合。在各项模拟工作完成且确认无误后可开始卸载施工，卸载前应对无关人员清场，关闭与卸载设备、监控设备无关的电源，降低对传感器的干扰。

7.5.2　卸载方法

目前结构支承体系卸载的施工方法较多，比较常见的有切割卸载法、螺旋千斤顶卸载法、砂箱卸载法和计算机电控液压千斤顶卸载法。

1. 切割卸载法

（1）工艺原理　结构支撑点采用型钢作为刚性支承，卸载时直接切割刚性支承，逐步脱开支承与结构体系之间的关系，使结构逐步转化为自身受力，完成卸载施工。切割卸载的方法通常采用火焰切割，如图 7-29 所示。

（2）工艺流程　切割点搭设作业平台进行切割准备→在切割位置划线→火焰切割的同时观察或监测结构变形→卸载完成。

（3）卸载控制　该方法无法实施对位移的控制，因此宜选取逐点卸载的方法，一边切割一边观察。卸载前应根据卸载流程进行计算机模拟分析，使卸载控制在安全范围内。

图 7-29　火焰切割卸载示意图

该方法仅适用于结构跨度小、卸载点位少、卸载后变形小、单个卸载点反力小的工程。

2. 螺旋千斤顶卸载法

（1）工艺原理　该卸载方法采用机械式螺旋千斤顶作为结构拼装和卸载设备。

卸载时，按结构变形趋势，通过下摇千斤顶使结构按一定行程回落，以达到卸载的目的。

（2）工艺流程　在工况验算的基础上选择螺旋千斤顶型号→在施工支架上布置千斤顶，预留卸载行程→在千斤顶上或辅助工装上标示行程刻度→预卸载一个行程，观察记录→正式卸载，每个卸载点同步下落预定行程，各工位与检查组通报工况并记录，重点记录千斤顶退出工作行程→卸载完成。

（3）位移控制　螺旋千斤顶是采用人力作为动力的螺杆或推动的升降套筒为刚性顶举件的千斤顶。普通手摇螺旋千斤顶靠螺纹自锁作用支撑重物，构造简单，但传动效率低，返程慢，可长期支撑重物。卸载前将卸载行程值标记在千斤顶上，在卸载达到行程值后，通过自锁满足行程要求。螺旋千斤顶构造如图 7-30 所示。

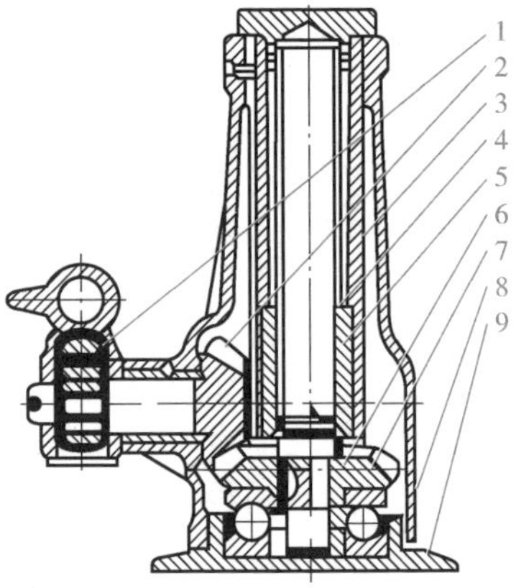

该方法适用于单个卸载点反力较小、卸载后变形较为规律，且对卸载顺序无严格要求的工程。

图 7-30　螺旋千斤顶构造示意图

1—棘轮组　2—小伞齿轮　3—升降套筒
4—螺杆　5—铜螺母　6—大伞齿轮
7—推力轴承　8—主架　9—底座

3. 砂箱卸载法

（1）工艺原理　按沙漏的原理，制作砂箱作为卸载设备。砂箱分内外套筒，内筒嵌套在外筒内并与结构接触；外筒内灌注砂粒（为防止砂粒受潮结块，可采用钢砂），并在筒壁一侧或底端设置排砂口。当卸载时，打开外筒排砂口，结构通过内筒压迫外筒内的砂体使砂粒通过排砂口流出，从而使内筒与结构缓慢下落以达到卸载目的，如图 7-31 与图 7-32 所示。砂箱内外筒壁厚与直径以及选用材料应

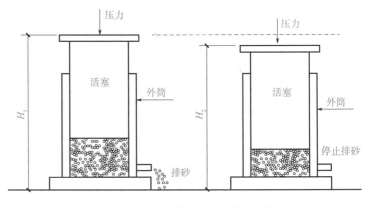

图 7-31　砂箱底部排砂卸载工作原理图

图 7-32　砂箱底部排砂卸载现场图

根据不同受压情况计算确定。

（2）工艺流程　通过卸载验算确定卸载点与卸载反力→设计砂箱工装→工装试验→安装砂箱→打开排砂口卸载→调整排砂量→卸载完成。

（3）位移控制　由于砂箱采用承受环向内压力较好的圆钢管作为外筒，配以紧密的圆形活塞，外筒底部或侧面开排砂口，排砂口设有灵活的阀门，且砂箱内填充流动性好、承载力大的钢砂，故很容易对其下降位移进行控制。当砂箱内的钢砂通过排砂口排出后，砂箱内的钢砂体积减小，活塞随之向内压缩，砂箱高度减小，实现设定的脱离位移。

该方法适用于单个卸载点反力大、卸载点量多面广、卸载时结构传力较为复杂的工程。

7.5.3　卸载过程控制

1. 卸载过程顺序的确定

卸载过程中结构的重心是不断变化的，对于大跨度结构而言，卸载的顺序应使得在卸载过程中避免弯矩较大处受力骤然增加。具体来说，对于梁式大跨度结构，一般从跨中向两端支座处卸载；对于悬臂式大跨度结构，一般从悬臂端向根部卸载。卸载顺序的确定会涉及大跨度结构的安装方法、变形预调值计算、卸载变形增量计算、设备选用及控制系统设计等问题，为此在进行卸载方案设计时就应明确卸载顺序，并在施工时严格执行。

2. 人工同步性控制

在火焰切割卸载法、螺旋千斤顶卸载法和砂箱卸载法中，若对卸载施工的同步性有要求，一般可采取人工同步性控制。即在每个卸载点安排一名操作人员，在卸载总指挥的统一协调下，利用对讲机、喇叭或广播等进行施工口令的传达，操作人员同时操作，保证同级、同卸载行程值，从而实现人工同步性控制。同步压力传感器如图 7-33 所示。

图 7-33　同步压力传感器

7.6　预应力钢结构施工技术

预应力大跨度空间钢结构是把现代预应力技术应用到如网架、网壳、立体桁架等网格结构以及索、杆组成的张力结构等大跨度结构中，从而形成一类新型的、杂交的预应力空间钢结构体系。比较常见的预应力结构包括弦支穹顶、张拉整体索网结构等。这一类结构受力合理、刚度大、重量轻，在近十多年来得到开发与发展，并在大跨度公共与工业建筑中得到广泛应用。预应力钢结构施工时，可通过之前所述的高空原位安装法、整体提升法、顶升施工法以及滑移施工法等完成。本节将重点介绍预应力钢结构张拉施工工艺。

7.6.1　预应力施加方法

预应力空间钢结构预应力的施加方法通常有两种：一种方法是通过在预应力索、杆直接施加外力，从而可改善结构受力状态，致使内力重分布，或者是形成一种新的具有一定内力状态的结构形式，其应用的预应力索、杆的材质通常分为碳钢索、钢绞线索和钢棒；另一种方法为结构设计措施，通过调整已建空间结构支座高差，改变支承反力的大小，从而也可使结构内力重分布，达到预应力的目的。预应力压杆张拉流程如图 7-34 所示，预应力压杆现场张拉如图 7-35 所示。

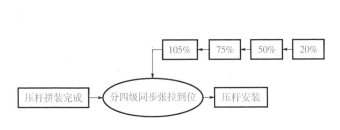

图 7-34　预应力压杆张拉流程图

图 7-35　预应力压杆现场张拉

7.6.2　张拉设备

　　张拉设备一般根据工程的不同专门设计，主要由施加预应力所用的千斤顶和电动油泵配合使用。某些工程中还需要用到转换件和反力架等。前者用于将千斤顶的力由钢绞线传递到钢拉杆上，后者往往是由钢板焊接的稳定结构，常用于索拱结构，即把张拉钢索的反力传递到钢拱梁上，实现张拉体系的自平衡。张拉设备如图 7-36 所示，张拉千斤顶构造如图 7-37 所示。

图 7-36　张拉设备示意图

a）前卡式穿心千斤顶　b）张拉电动油泵　c）穿心式千斤顶　d）顶推式千斤顶

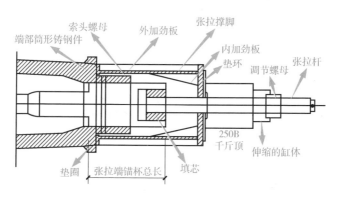

图 7-37　张拉千斤顶构造图

7.6.3　预应力张拉技术

1. 施工模拟仿真

　　预应力钢结构施工前应进行施工模拟仿真计算。预应力结构往往是几何非线性较大的结构形式，预应力的施加使结构几何形态及应力产生较大的变化，因此需要进行施工仿真计算以得出合理的预应力度。预应力结构在施加预应力之前刚度往往较小，不能够承担设计荷载。因此需要通过预应力施加前后的状态计算确定其施工阶段的承载力，模拟出预应力结构在不同施工阶段的力学性能，从而确定相应的施工方法和施工顺序，即确定预应力的数值是否需要分步加载。

预应力结构施工成型过程是一个连续变化的过程，下一阶段的施工会对已施工完成的结构和构件产生影响，施工过程中预应力的施加，会使结构形态产生很大改变。故在施工前需对结构进行施工全过程分析，跟踪模拟计算每个施工阶段的结构内力和位移，才能准确得到施工过程对结构产生的累积效应，以此编写具有针对性的施工方案，有效地保证结构的施工安全。

2. 预应力加载方案

一般空间钢结构承受荷载有永久荷载与可变荷载两种，而预应力钢结构除承受上述两种荷载外，还有预应力荷载。预应力荷载是长期作用于结构上的荷载，其性质视同永久荷载，但其变异性接近可变荷载。预应力钢结构一般有先张法、中张法、多张法三种张拉方案。

（1）先张法　在结构承受荷载前即引入预应力，使得结构的峰值截面或峰值杆件中预先承受与荷载应力符号相反的预应力，改变截面或杆件承载前的应力场状态，然后结构再开始承受全部荷载。对于刚性结构，先张法使得峰值截面受益。但材料的抗压或抗压强度幅值只能被一次利用，因而也称为单次预应力钢结构，如图 7-38 所示。

（2）中张法　结构就位后承受部分荷载，截面或杆件产生荷载应力后再施加预应力，以预应力抵消或降低荷载应力水平，甚至产生与荷载应力符号相反的预应力。在此

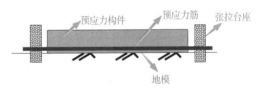

图 7-38　先张法示意图

基础上再由结构承受全部荷载并使峰值截面或杆件中的荷载应力达到设计强度值。由于材料的强度可以被利用两次，所以这种方案的结构承载力明显大于先张法。但由于在加载中途也是一次引入预应力，故也称为单次预应力钢结构。

（3）多张法　即多次施加预应力的工艺。相比于单次预应力钢结构而言，多张法则是在荷载可以分成若干批量的情况下，施加预应力与加载多次相间进行，即重复利用材料弹性范围内的强度幅值。所以其承载力最大，经济效益最高。采用多张法的预应力钢结构称为多次预应力钢结构。

以上三种张拉形式产生不同的张拉结构，使得结构具有不同的承载力收益。可

以认为张拉的收益取决于材料弹性限度内强度潜力的利用率与利用次数,越多次数地利用材料弹性强度,越会产生较大的收益。

3. 张拉工艺要求

1)张拉前检查钢结构焊接情况、临时支承受力状态等,考虑张拉时结构状态是否与计算模型一致,以免引起安全事故。张拉设备张拉前需全面检查,保证张拉过程中设备的可靠性。在一切准备工作做完之后,且经过系统的、全面的检查无误后,现场安装总指挥检查并发令后,才能正式进行预应力索张拉作业。索张拉前,应严格检查临时通道以及安全维护设施是否到位,保证张拉操作人员的安全。张拉过程应根据设计张拉应力值张拉,防止张拉过程中出现预应力过大引起屋盖起拱或者下降。索张拉前,应清理场地,禁止无关人员进入,保证索张拉过程中人员安全。在预应力索张拉过程中,测量人员应通过测量仪器配合测量各监测点位移的准确数值。

2)张拉顺序必须严格按照设计要求进行,当设计无规定时,应考虑结构受力特点、施工方便、操作安全等因素,且以对称张拉为原则,由施工单位编制张拉方案,经设计单位同意后执行。

3)张拉前,应设置支承结构,将张拉杆件就位并调整到规定的初始位置,安装锚具并初步固定,然后按设计规定的顺序进行预应力张拉,宜设置预应力调节装置,张拉预应力宜采用油压千斤顶,张拉过程中应监测索系的位置变化,并对索力、结构关键节点的位移进行监控。

4)对直线索可采取一端张拉,对折线索宜采取两端张拉,几个千斤顶同时工作时,应同步加载,索段张拉后应保持顺直状态。拉索应按相关技术文件和规定分级张拉,且在张拉过程中复核张拉力。

5)当杆件两端与结构固定,在温度变化时杆件内力也随着变化,因此张拉时需要考虑温度对拉索索力的影响,对索力影响超过5%的拉索索力在张拉时根据现场温度进行调整。

6)杆件张拉完成后由于锚具间隙、伸长、索松弛等会造成索力损失,因此在张拉过程中综合考虑,应超张拉5%。

7)张拉施工过程中,存在以下风险,应提前做好相关应急预案。

①张拉设备故障。张拉过程中如油缸发生漏油、损坏等故障,在现场配备三名专门修理张拉设备的维修工,在现场备好密封圈、油管,随时修理,同时在现场配置2套备用设备,如果不能修理立即更换千斤顶。

②张拉过程断电。张拉过程中，如果突然停电，则停止索张拉施工。关闭总电源，查明停电原因，防止来电时张拉设备的突然启动，对屋架结构产生不利影响。同时在张拉时把锁紧螺母拧紧，保证索力变化跟张拉过程是同步的；突然停电状态下，在短时间内千斤顶还是处于持力状态，并且油泵回油还需要段时间，不会出现安全事故。处理好后在现场值班的电工立刻查找原因，以最快的速度修复。为了避免这种情况，在现场的二级箱要做到专用，三级箱按照要求安装到位。

③张拉过程不同步。由于张拉没有达到同步，造成结构变形，可以通过控制给泵油压的速度，使索力较小的加快给油速度，索力较大的减慢给油速度，这样就可以达到同一根索的索力相同的目的。

④张拉时结构变形预警。某根索张拉结束后未达到设计力，可以通过个别施加预应力进行补偿的方法。如果结构变形与设计计算不符，超过20%以后，应立即停止张拉，同时报请设计院，找出原因后再重新进行预应力张拉。

⑤张拉后支座位移发生较大偏移。张拉前应比较张拉时结构支座布置及约束情况是否与设计模型相符，应尽量避免由于索张拉造成结构支座发生较大的偏移，如果张拉后支座的确存在较大的偏移，应组织专家论证解决。

4. 预应力施工监测

施工监测主要涉及位移和应力两项内容。位移的监测通过工程测量仪器进行，应力往往通过安装在钢结构表面的应变计进行监测（如振弦应变计等）。应变计通常采用粘贴安装块的方式，在安装时，可以先确定安装杆的长度，然后在钢结构上粘贴安装块，等到张拉之前将安装杆装上即可。使用时配合数据采集设备进行数据采集。

为了能更好地了解张拉和吊装过程中桁架所处状态，监测时可对构件张拉、吊装过程中的杆件应力、索力进行实时监测，张拉结束后对张拉伸长量、反拱位移和跨度方向位移进行测量，监测位置应根据模拟仿真计算结果设置。

7.7 钢构件的组装

7.7.1 钢管柱组装

1. 对接

1）钢管与钢管之间的对接，内设衬管，在胎架上进行，如图7-39及图7-40所示。

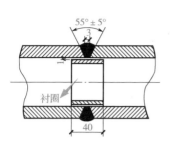

图 7-39　相同管壁的主管对接

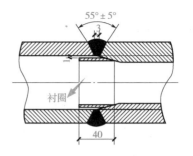

图 7-40　不同管壁的主管对接

2）对接接头焊接时应注意的问题：①焊前宜采用小埋弧焊机焊接；②焊接时宜在滚轮架上进行，焊接过程中钢管滚动，焊接位置应处于接近水平位置；③焊接时引弧位置和熄弧位置不能在同一处，各层之间引弧和熄弧应错开不小于 50mm 的距离；④焊接时应填满弧坑，不应出现引弧和熄弧裂纹。

2. 组装

1）圆管柱组装时，应首先划出与管端相垂直且互成90°的四条母线，作为组装时的角度基准。

2）组装时应以柱顶板为基准平面，所有节点的测量定位均参照此基准平面，不允许分段累加定位，防止累积误差过大。

3）节点板组装时，应以钢管中心为基准进行测量，减少圆管椭圆度对牛腿精度的影响。

7.7.2　桁架组装

桁架多是在装配平台上放实样组装的，即先在平台上放实样，据此装配出第一单面桁架，并施行定位焊，之后再用它做胎模，在其上面进行复制，装配出第二个单面桁架。在定位焊完了之后，将第二个桁架翻面180°下胎，再在第二桁架上，以下面角钢为准，装完对称的单面桁架，即完成一个桁架的拼装。同样以第一个单面桁架为底样（样板），依此方法逐个装配其他桁架。

施工时，还应注意以下几点：

1）无论是弦杆还是腹杆，均应先单肢拼配焊接矫正，然后进行大拼装。

2）支座、与钢柱连接的节点板等应先小件组焊，矫平后再定位大拼装。

3）放拼装胎时应放出收缩量，一般放至上限，即当 $L \leqslant 24m$ 时放 5mm，$L < 24m$ 时放 8mm。

4) 根据设计规范规定，对于有起拱要求的桁架应预放出起拱线，无起拱要求的，也应起拱 10mm 左右，防止下挠。

7.7.3 钢梁组装

1) 检查零件尺寸。根据施工详图材料表中的零件号、规格、尺寸、材质、数量和加工精度等进行检查，合格后方可组装。

2) 画线：①根据图样所示尺寸，在主件上画出基准线及零件组装位置线；②根据构件的结构形式、技术要求，划线时应考虑焊接收缩量及加工余量；③所画线条必须清晰，保证尺寸精度达到技术要求，基准线用样冲打上样冲眼，便于检查。

3) 梁的翼板、腹板下料时长度方向宜加放 50mm 的切割余量，宽度方向宜加放 2~3mm 的焊接收缩余量，下料后，按要求画出翼板、腹板长度方向中心线，并在翼板上画出腹板组装线。

4) 梁主体上有孔时，零部件组装以孔为基准，沿梁主体长度方向定位。

5) 梁主体上无孔时，零部件组装则以梁主体几何中心、锯床切割端或端铣面为基准，沿梁主体长度方向定位。

6) 零部件其他方向以梁主体几何中心为基准定位。

7) 组装时应选用同一个基准，避免选多个基准造成累积偏差。根据基准线，在经检验合格的胎架上或 H 型钢拼装机上进行翼板、腹板的拼装。

8) 翼缘板进行反变形，装配时保持如图 7-41 所示状态。翼缘板与腹板的中心偏移不大于 2mm。翼缘板与腹板连接侧撑杆的主焊缝部位 50mm 以内先行清除油污、铁锈等杂质。

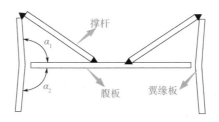

图 7-41 翼缘板反变形

9) 钢梁组装时，应选择上拱面作为梁的上表面，焊接后并矫正。

10) 以翼板、腹板长度中心线为基准画线，按技术要求组装零部件，每档加劲板应加放焊接收缩余量。

11）当有次梁连接并为支座式时，支座面不应向上翘曲，使次梁的下翼板有较好的支托，便于下翼板焊缝施工。

12）柱与梁、梁与梁对接时的接缝设置如图 7-42 所示。

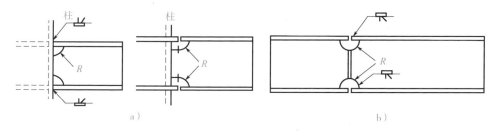

图 7-42　柱与梁、梁与梁对接时的接缝设置

a）柱与梁　b）梁与梁

13）梁主体画线、钻孔（梁腹板上的孔应以上翼面为基准）长度方向上的孔距尺寸应以长度基准线号孔，不得分段累加号孔。梁端部的孔不能按边距尺寸进行画线，应实测构件长度后进行修正画线。

14）凡轧制 H 型钢梁因长度不够需进行拼接时应符合下列要求：①原则上每根构件只允许一个接头；②轧制 H 型钢梁对接采用 CO_2 气体保护焊，对接位置应大于 500mm，且应小于 $l/3$（l 为梁的跨度）。

7.7.4　吊车梁组装

1）吊车梁上、下翼板在跨中 1/3 跨长范围内不应拼接。上、下翼板及腹板三者的拼接焊缝不应设置在同一截面上，应相互错开 200mm 及以上，与加劲板亦应错开 200mm 以上。

2）吊车梁的翼板、腹板的拼接及四条主焊缝焊接时，均应加引弧板、引出板，焊后应用气割切除，不得损伤母材，并修整至与主体金属平整。

3）吊车梁翼板、腹板下料时，长度方向应加放 50mm 以上的焊接收缩余量。由于腹板上缘与上翼板的纵向焊缝为全熔透焊（一般腹板与下翼缘板之间为角焊缝），因此下料时腹板宽度方向需加放焊接收缩余量。下料后，按要求定出翼板、腹板长度方向中心线，并在翼板上定出腹板组装线。

4）依据上面定出的基准线，在经检验合格的胎架上或 H 型钢拼装机上进行翼板、腹板的拼装。拼装时翼板、腹板应夹紧，且不得在焊缝区域外引弧。

5）将拼装件吊往自动焊进行四条纵缝焊接，吊车梁的角焊缝表面应焊成直线形或凹形。焊接中应避免咬肉和弧坑等缺陷。焊接加劲肋角焊缝的始末端时，应采用回焊等措施避免弧坑，回焊长度不小于 3 倍角焊缝的厚度。

7.8 组合大桁架结构拼装

1. 组合大桁架结构拼装条件

1）根据预拼装工艺方案，按预拼装构件尺寸、规格、重量和需使用的机械设备，选定满足和适合预拼装作业的场地。场地应平整、坚实，在气候变化情况下能满足预拼装规定承载力和构件运输需求。

2）按预拼装工艺方案要求，设置满足被拼装构件的支承胎架。

3）构件按钢结构制作工程检验批的划分，应依据预拼装工艺方案的规定。已完成制作工艺方案和预拼装工艺方案所规定的预拼装前工序工作的，经工序检验合格、质检员签字同意后，转移至预拼装工序。

4）预拼装前准备足够的冲钉、销轴、定位块、临时安装螺栓、试孔器等，冲钉直径比构件上的孔径小 0.2mm。

5）现场配备适合拼装施工高度的简易脚手架及扶梯，备有工具箱、钢丝绳、手拉葫芦挂钩架、焊接设备的简易防雨房等。

6）检查氧气、乙炔气、压缩空气是否通畅和可靠，电源容量是否合理及接地是否可靠，熟悉防火设备的位置和使用方法。

2. 组合大桁架结构拼装

（1）胎架（支承凳或平台）找平　在固定、坚实的胎架上，用垫块在胎架上垫出准确标高，并进行测量，其标高允许偏差不大于 2mm。

（2）放线　在整个预装场地垂直投影立杆中心线、弦杆中心线、节段端面基准线，并做永久性印记（地面钢板上）。检查确认地样，高度方向以桁架的上、下、中弦杆为基准，长度方向以与立杆平行的 7 根轴线为基准，复核对角线。

（3）构件就位、调整

1）将下弦杆先就位，根据地样进行调整使其与基准线（起拱线）吻合至偏差范围之内，两端面及边缘用临时卡具固定。

2）安装中弦立杆，调整使其与基准线吻合至偏差范围之内，测量小对角线，立杆边缘用临时卡具固定，测量各节点位的标高。

3）插入中弦杆节点段，对齐中弦杆处的中心线，连接中弦杆接头，检查下、中弦杆间的腹杆对应情况，火焰矫正对接错位，安装连接板。

4）将上弦杆就位，调整弦杆与地样（起拱）吻合。检测上、下弦杆间的对角线及长度中心线，确认偏差后卡具定位。

5）检测上、中弦杆间斜撑（腹杆）的对应情况，修整斜撑牛腿。

6）根据各斜撑牛腿间的尺寸，切割斜撑至实际长度，将斜撑吊入就位、号孔、钻孔、复位。

7）在主要构件的就位过程中，必须在各节点处垫实构件，并测量节点处的标高以确保整体的平面度小于5mm。

8）连接板紧固，冲钉定位，螺栓预紧（数量不少于孔数的10%）。高强度螺栓连接件预拼装时，可使用冲钉定位和临时螺栓固定。试装螺栓在一组孔内不得少于螺栓孔的30%，且不少于2只；冲钉数不得多于临时螺栓的1/3。对小的连接板，螺栓、冲钉的数量各不少于4只。

（4）构件正式就位、做出就位标记 检查与更正构件标记的位置和内容。由于有些构件（如支撑）同一编号的数量很多，因此预装后必须加以区分，并反映到安装图上。

第8章　施工现场安全防护

8.1　操作平台

操作平台是指由钢管、型钢或脚手架等组装搭设制作的供施工现场高处作业和载物的平台。施工现场的操作平台根据构造可分为移动式操作平台、落地式操作平台、悬挑式操作平台；根据用途可分为只用于施工操作的作业平台和可进行施工作业并主要用于施工材料转接用的接料平台（也称卸料平台、转料平台等）。操作平台是高处作业的重要施工设施，必须牢固可靠，并应按规定设置防止人员或物料坠落的防护措施。

8.1.1　一般规定

1）操作平台应按有关规定进行设计计算，并编入施工组织设计或专项施工方案中。架体构造与材质应满足相关现行国家、行业标准规定。

2）操作平台的架体应采用钢管、型钢等组装，并应符合现行国家标准《钢结构设计标准》（GB 50017—2017）及相关脚手架行业标准规定。平台面铺设的钢、木或竹胶合板等材质的脚手板应符合强度要求，并应平整满铺及固定牢靠。

3）操作平台的临边应按规定设置防护栏杆，单独设置的操作平台应设置供人上下的、踏步间距不大于400mm的扶梯。

4）操作平台投入使用时，应在平台的内侧设置标明允许负载值的限载牌；物料应及时转运，不得超重与超高堆放。

8.1.2　移动式操作平台

移动式操作平台是指可在楼地面移动的带脚轮的脚手架操作平台，如图8-1所示，常用于构件安装、装修工程、水电安装等作业。

1）移动式操作平台的面积不应超过10m²，高度不应超过5m，高宽比不应大

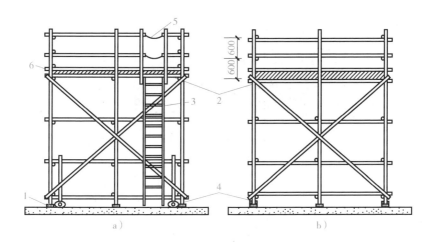

图 8-1 移动式操作平台

a）立面图 b）侧面图

1—木楔 2—竹笆或木板 3—梯子 4—带锁脚轮 5—活动防护绳 6—挡脚板

于 3:1，施工荷载不应超过 $1.5kN/m^2$。面积、高度或荷载超过规定的，应编制专项施工方案。

2）移动式操作平台的轮子与平台架体连接应牢固，立柱底端离地面不得超过 80mm，行走轮和导向轮应配有制动器或制动闸等固定措施。

3）移动式行走轮的承载力不应小于 5kN，行走轮制动器的制动力矩不应小于 $2.5N·m$；移动式操作平台的架体应保持垂直，不得弯曲变形；行走轮的制动器除在移动情况外，均应保持制动状态。

4）移动式操作平台在移动时，操作平台上不得站人。

8.1.3 落地式操作平台

落地式操作平台是指从地面或楼面搭起、不能移动的操作平台，形式主要有单纯进行施工作业的施工平台和可进行施工作业与承载物料的接料平台（图 8-2）。

1）落地式操作平台的架体构造应符合下列规定：

①落地式操作平台的面积不应超过 $10m^2$，高度不应超过 15m，高宽比不应大于 2.5:1；施工平台的施工荷载不应超过 $2.0kN/m^2$，接料平台的施工荷载不应超过 $3.0kN/m^2$；面积、高度或荷载超过规定的，应编制专项施工方案。

②落地式操作平台应独立设置，并应与建筑物进行刚性连接，不得与脚手架连接。

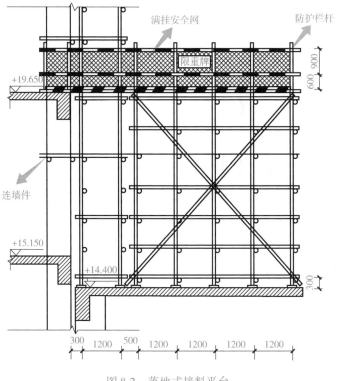

图 8-2 落地式接料平台

③用脚手架搭设落地式操作平台时，其结构构造应符合相关脚手架规范的规定，在立杆下部设置底座或垫板，纵向与横向扫地杆，在外立面设置剪刀撑或斜撑。

④落地式操作平台应从底层第一步水平杆起逐层设置连墙件，且间隔不应大于4m；同时应设置水平剪刀撑。连墙件应采用可承受拉力和压力的构造，并应与建筑结构可靠连接。

2）落地式操作平台的搭设材料及搭设技术要求、允许偏差，应符合相关脚手架规范的规定。

3）落地式操作平台应按相关脚手架规范的规定计算受弯构件强度、连接扣件抗滑承载力、立杆稳定性、连墙杆件强度与稳定性，以及连接强度、立杆地基承载力等。

4）落地式操作平台一次搭设高度不应超过相邻连墙件以上两步。

5）落地式操作平台的拆除应由上而下逐层进行，严禁上下同时作业，连墙件应随工程施工进度逐层拆除。

6）落地式操作平台应符合有关脚手架规范的规定，检查与验收应符合下列规定：

①搭设操作平台的钢管和扣件应有产品合格证。

②搭设前应对基础进行检查验收，搭设中应随施工进度按结构层对操作平台进行检查验收。

③遇 6 级以上大风、雷雨、大雪等恶劣天气及停用超过一个月，则恢复使用前应进行检查。

④操作平台使用过程中应定期进行检查。

8.1.4　悬挑式操作平台

悬挑式操作平台是指以悬挑形式搁置或固定在建筑物结构边沿的操作平台，其形式主要有斜拉式悬挑操作平台（图8-3）、支承式悬挑操作平台和悬臂梁式悬挑操作平台。悬挑式操作平台常用于接料平台，应根据使用要求按有关规范进行专项设计。

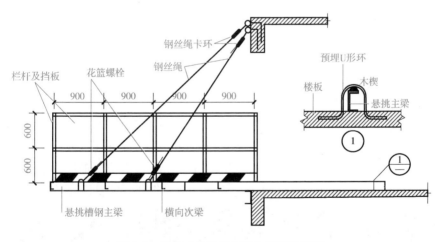

图 8-3　斜拉式悬挑操作平台侧面示意图

1）悬挑式操作平台的设置应符合下列规定：

①悬挑式操作平台的搁置点、拉结点、支撑点应设置在主体结构上，且应可靠连接。

②未经专项设计的临时设施上，不得设置悬挑式操作平台。

③悬挑式操作平台的结构应稳定可靠，其承载力应符合使用要求。

2）悬挑式操作平台的悬挑长度不宜大于 5m，承载力需经设计验收。

3）采用斜拉方式的悬挑式操作平台，应在平台两边各设置前后两道斜拉钢丝绳。钢丝绳另一端应固定在平台上方的主体结构上，每一道钢丝绳均应做单独受力计算和设置。

4）采用支承方式的悬挑式操作平台，应在钢平台的下方设置不少于两道的斜撑。斜撑的一端应支承在钢平台主结构钢梁下，另一端支承建筑物主体结构。

5）采用悬臂梁式的操作平台，应采用型钢制作悬挑梁或悬挑折架，不得使用钢管。其节点应是螺栓或焊接的刚性节点，不得采用扣件连接。

6）悬挑式操作平台安装吊运时应使用起重吊环，与建筑物连接固定时应使用承载吊环。

7）当悬挑式操作平台安装时，钢丝绳应采用专用的卡环连接。钢丝绳卡环数量应与钢丝绳直径相匹配，且不得少于4个。钢丝绳卡环的连接方法应满足规范要求。建筑物锐角利口周围系钢丝绳处应加衬软垫物。

8）悬挑式操作平台的外侧应略高于内侧，外侧应安装固定的防护栏杆并设置防护挡板完全封闭。

8.2 安全网

安全网是用来防止人、物坠落，或用来避免、减轻坠落物击伤人的网具。

安全网按构造形式可分为平网（P）、立网（L）、密目网（ML）3种，如图8-4所示。平网是指其安装平面平行于水平面，主要用来承接人和物的坠落。每张平网的质量一般不小于5.5kg，不超过15kg，并要能承受800N的冲击力。立网是指其安装平面垂直于水平面，主要用来阻止人和物的坠落。每张立网的质量一般不小于2.5kg。平网和立网主要由网绳、边绳、系绳、筋绳组成。密目网，又称"密目式

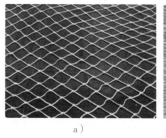
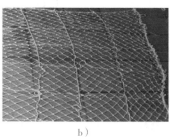
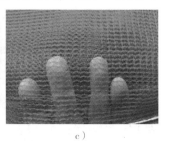

a）   b）   c）

图 8-4　安全网构造形式

a）平网　　b）立网　　c）密目网

安全立网"，是指网目密度大于 2000 目/100cm^2、垂直于水平面安装、施工期间包围整个建筑物、用于防止人员坠落及坠物伤害的有色立式网。密目网主要由网体、边绳、环扣及附加系绳构成。每张密目网的质量一般不小于 3kg。立网、密目网不能代替平网。

在建筑物四周要求用密目网全封闭，它意味着两个方面的要求：一方面，在外脚手架的外侧用密目网全封闭；另一方面，无外脚手架时，在楼层里将楼板、阳台等临边处用密目网全封闭。为了能使用合格的密目网，施工单位采购来以后，除进行外观、尺寸、质量、目数等的检查外，还要做贯穿试验和冲击试验。

一般情况下，安全网的使用应符合下列规定：

1）施工现场使用的安全网必须有产品质量检验合格证，旧网必须有允许使用的证明书。

2）安装前必须对网及支撑物（架）进行检查，要求支撑物（架）有足够的强度、刚性和稳定性，且系网处无撑角及尖锐边缘，确认无误时方可安装。

3）安全网搬运时，禁止使用钩子，禁止把网拖过粗糙的表面或锐边。

4）在施工现场，安全网的支搭和拆除要严格按照施工负责人的安排进行，不得随意拆毁安全网。

5）在使用过程中不得随意向网上乱抛杂物或撕坏网片。

6）安装时，在每个系结点上，边绳应与支撑物（架）靠紧，并用一根独立的系绳连接，系结点沿网边均匀分布，其距离不得大于 750mm。系结点应符合打结方便、连接牢固又容易解开、受力后又不会散脱的原则。有筋绳的网在安装时，也必须将筋绳连接在支撑物（架）上。

7）多张网连接使用时，相邻部分应靠紧或重叠，连接绳材料与网相同时，强力不得低于网绳强力。

8）凡高度在 4m 以上的建筑物，首层四周必须支搭固定 3m 宽的平网。安装平网应外高内低，以 15°为宜。平网网面不宜绷得过紧，平网内或下方应避免堆积物品，平网与下方物体表面的距离不应小于 3m，两层平网间的距离不得超过 10m。

9）装立网时，安装平面应与水平面垂直，立网底部必须与脚手架全部封严。

10）要保证安全网受力均匀，必须经常清理网上落物，网内不得有积物。

11）安全网安装后，必须经专人检查验收合格签字后才能使用。

12）安全网暂时不用时应存放在通风、避光、隔热、无化学品污染的仓库或专用场所。

8.3 挂梯与通道

8.3.1 挂梯

挂梯分为固定式挂梯和移动式挂梯，均包含永久式挂梯和临时性移动挂梯两种。

1. 固定式挂梯

固定式挂梯是从建筑物外沿到广告设施或其他设施下沿设置的一种攀爬设施，其设置要求：

1) 挂梯必须与原有建筑结构用化学锚栓等连接件有效连接。

2) 挂梯一般采用角钢、厚方钢管、较粗钢筋制作。

3) 挂梯宽 400～500mm，踏板间隔 300～400mm。

4) 扶手距梯子不小于 200mm，高度小于 3m 的可不设扶手。

5) 挂梯上端应高出楼房外沿 500～800mm，不得过高或过低。

6) 挂梯高度不得超过 6m，如超过 6m 应在下一高度另外设置新的挂梯。

7) 不设永久固定点的临时性挂梯，挂置在女儿墙或结构梁、钢梁、钢柱上时，挂梯高度应不大于 4m，挂梯上部挂置结构应牢固，弯角处应焊接加筋板。

8) 移动挂梯应选用质量较轻的材料，以免人工移动时阻力过大。

9) 挂梯移动时高处作业人员应离开挂梯。

2. 移动式挂梯

高处安装、维修、拆除等作业经常使用移动式挂梯，因此挂梯的制备和使用对高处作业的安全有很重要的意义。

1) 挂梯选用材料不能过重，又不可过于轻薄，要牢固耐用又便于移动。

2) 长度不宜超过 6m。

3) 踏板间距不大于 400mm。

4) 梯子上沿要高于板面 500～800mm，以便人员上下，且有利于操作。

5) 梯子下沿设支撑脚以防梯子移动时损坏霓虹灯灯管。

6) 梯子移动时人员要扶稳，拽动梯子时不要用力过猛，要匀速移动。

7) 严格执行攀爬作业的规范要求。

8.3.2　钢挂梯安全技术

钢桩吊装松钩时，施工人员宜通过钢挂梯登高，并应采用防坠器进行人身保护。钢挂梯应预先与钢桩可靠连接，并应随柱起吊。钢柱登高挂梯构造如图 8-5 所示。

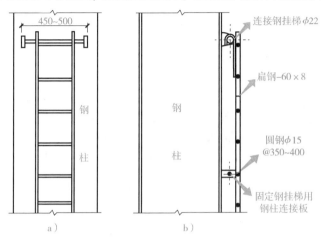

图 8-5　钢柱登高挂梯构造示意

a）立面图　b）剖面图

1）攀登用具（结构构造上必须牢固可靠）、移动式梯子，均应按现行的国家标准验收其质量。

2）梯脚底部应坚实，不得垫高使用，梯子的上端应有固定措施。

3）立梯工作角度以 75°±5° 为宜，踏板上下间距以 30cm 为宜，并不得有缺档。折梯使用时上部夹角以 35°~45° 为宜，铰链必须牢固，并有可靠的拉撑措施。

4）使用直爬梯进行攀登作业时，攀登高度以 5m 为宜，超出 2m 时宜加设护笼，超过 8m 时必须设置梯间平台。

5）作业人员应从规定的通道上下，不得在阳台之间等非规定通道进行攀登。上下梯子时，必须面向梯子，且不得手持器物。

6）攀登的用具，结构构造上必须牢固可靠。供人上下的踏板，其使用荷载不应大于 $1100N/m^2$。当梯面上有特殊作业，质量超过上述荷载时，应按实际情况加以验算。

8.3.3　钢制组装通道

钢制组装通道（图 8-6）单元长度以 3m 为宜，宽度以 800mm 为宜，横向受力横杆间距不宜大于1m，通道长度可根据钢梁间距做小幅调整，但不应超过4m。钢丝网眼直径不应大于50mm，通过焊接与通道横梁连接。通道防护栏杆材料规格为$\phi 30 \times 2.5$的钢管，防护栏杆立杆间距不应大于2m，扶手、中间栏杆距离通道面垂直距离分别为1200mm及600mm，防护栏杆底部设置高度不低于180mm的踢脚板。

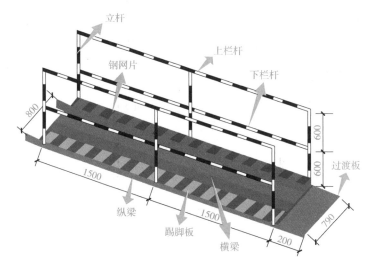

图 8-6　钢制组装通道示意图

8.3.4　施工现场安全通道标准

1）进出建筑物主体通道口应搭设防护棚。棚宽大于道口，两端各长出1m，进深尺寸应符合高处作业安全防护范围。坠落半径（R）分别为：当坠落物高度为2~5m时，R为3m；当坠落物高度为5~15m时，R为4m；当坠落物高度为15~30m时，R为5m；当坠落物高度大于30m时，R为6m。

2）场内（外）道路边线与建筑物（或外脚手架）边缘距离分别小于坠落半径的，应搭设安全通道，如图8-7所示。

3）木工加工场地、钢筋加工场地等上方有可能坠落物件或处于起重机调杆回转范围之内，应搭设双层防护棚。

4）安全防护棚应采用双层保护方式，当采用脚手片时，层间距600mm，铺设方

图 8-7　施工现场安全通道示意图

向应互相垂直。

　　5）各类防护棚应有单独的支撑体系，固定可靠安全。严禁用毛竹搭设，且不得悬挑在外架上。

　　6）非通道口应设置禁行标志，禁止出入。

8.4　安全绳

　　安全绳（图 8-8）一般长度 2m，也有 2.5m、3m、5m、10m 和 15m 的，5m 以上的安全绳兼作吊绳使用。安全绳是用于高空作业时保护人员和物品安全的绳索，用合成纤维、麻绳或钢丝绳编织而成，是一种用于链接安全带的辅助用绳。它的功能是双重保护，确保安全。

图 8-8　安全绳

8.4.1　种类

　　1）安全绳按作业类别分为围杆作业用安全绳、区域限制用安全绳、坠落悬挂用安全绳。

　　2）安全绳按材料类别分为织带式安全绳、纤维绳式安全绳、钢丝绳式安全绳、链式安全绳。

8.4.2　标记

安全绳的标记由作业类别、材料类别两部分组成。

　　（1）作业类别　以字母 W 代表围杆作业用安全绳、字母 Q 代表区域限制用安全绳、字母 Z 代表坠落悬挂用安全绳。

　　（2）材料类别　以字母 Z 代表织带式安全绳、以字母 X 代表纤维绳式安全绳、以字母 G 代表钢丝绳式安全绳、以字母 L 代表链式安全绳。

8.4.3　技术要求

1. 一般要求

　　（1）织带式安全绳要求

　　1）应采用高韧性、高强度纤维丝线等材料。

2）织带应加锁边线。

3）织带末端不应留有散丝。

4）织带末端应折缝，不应使用铆钉、胶粘、热合等工艺。

5）织带末端在缝纫前应经燎烫处理，折头缝纫后不应进行燎烫处理。

6）织带末端缝纫部分应加护套，使用材料不能和织带产生化学反应，应尽可能透明。

7）缝纫线应采用同织带相同的材料，线颜色同织带应有明显区别。

8）织带末端连接金属件时，应在末端环眼内部缝合一层加强材料或加护套。

9）绳体在构造上和使用过程中不应打结。

10）接近焊接、切割、热源等场所时，应对安全绳进行隔热保护。

11）所有零部件应顺滑，无材料或制造缺陷，无尖角或锋利边缘。

（2）纤维绳式安全绳要求

1）若绳索为多股绳，则股数不应少于3股。

2）绳头不应留有散丝。

3）绳头编花前应经燎烫处理，编花后不能进行燎烫处理，编花部分应加保护套。

4）绳末端连接金属件时，末端环眼内应加支架。

5）绳体在构造上和使用过程中不应打结。

6）在接近焊接、切割、热源等场所时，应对安全绳进行隔热保护。

7）所有零部件应顺滑，无材料或制造缺陷，无尖角或锋利边缘。

（3）钢丝绳式安全绳要求

1）应由高强度钢丝搓捻而成，且捻制均匀、紧密、不松散。

2）末端在形成环眼前应使用铜焊或加金属帽（套）将散头收拢。

3）绳末端连接金属件时，末端环眼内应加支架。另外，钢丝绳推荐使用铝支架。不锈钢钢丝绳推荐使用铜支架。

4）应由整根钢丝绳制成，中间不应有接头。

5）绳体在构造上和使用过程中不应扭结，盘绕直径不宜过小。

6）在腐蚀性环境中工作时，应有防腐措施。

7）接近热源工作时，应选用具有特级韧性石棉芯钢丝绳或具有钢芯的钢丝绳。

8）所有零部件应顺滑，无材料或制造缺陷，无尖角或锋利边缘。

（4）链式安全绳要求

1）链条应符合《起重用短环链 验收总则》（GB/T 20946—2007）的要求。

2）下端环、连接环和中心环的数量及内部尺寸应保持各环间转动灵活，链环形状应一致。

3）使用过程中，链条应伸直，不应扭曲、打结或弯折。

4）所有零部件应顺滑，无材料或制造缺陷，无尖角或锋利边缘。

8.4.4　调节扣滑移性能

可调安全绳调节扣滑移测试步骤如下：①将调节扣调整至安全绳中部；②在安全绳上沿调节扣做初始标记；③将安全绳安装在静态力学性能测试装置上，施加6kN 负荷，保持 3min；④卸载后测量偏离标记的滑移。

另外，调节扣的滑移不应大于 25mm。

8.4.5　外形结构

1）两头编织或者绞制扣，绳扣 200mm。

2）在编织或者绞制绳扣的基础上，穿入金属件张合钩。

8.4.6　特点

1）质地松软。

2）材料不同，耐磨性不同，如果想要更强的耐磨性，建议使用高分子材料。

3）拉力可调，一是选用不同质地的材料；二是材料粗细上调节；三是包芯安全绳，内用钢丝绳，外用合成纤维。

4）耐腐蚀，材料有迪尼玛、帕斯特。

5）耐高温，材料是凯芙拉。

6）品种多、档次多，可选择性强。

8.4.7　使用方法

（1）平行安全绳　用于在钢架上水平移动作业的安全绳。要求较小的伸长率和较高的滑动率，一般采用钢丝绳注塑便于安全挂钩在绳子上能轻松移动。钢丝内芯9.3mm、11mm，注塑后外径 11mm 或 13mm。广泛应用于火力发电工程的钢架安装，及钢结构工程的安装和维修。

（2）垂直安全绳　用于垂直上下移动的保护绳。配合攀登自锁器使用，编织和绞制的都可以，必须达到国家规定的拉力强度，绳子的直径在 16～18mm 之间。

（3）消防安全绳　用于高楼逃生。有编织和绞制两种，要求结实、轻便、外表美观，绳子直径在 14～16mm，一头带扣，带保险卡锁。拉力强度达到国家标准，长度根据用户需求定制。广泛用于现代高层、小高层建筑住户。

（4）外墙清洗绳　分主绳和副绳。主绳用于悬挂清洗坐板，副绳也就是辅助绳，用于防止意外坠落，主绳直径为 18～20mm，要求绳子结实，不松捻，抗拉强度高。副绳直径为 14～18mm，标准与其他安全绳标准相同。

8.4.8　注意事项

安全绳直径不小于 13mm，捻度为（8.5～9）/100（花/mm）。吊绳、围杆绳直径不小于 16mm，捻度为 7.5/100（花/mm）。电焊工用悬挂绳必须全部加套，其他悬挂绳只是部分加套，吊绳不加套。绳头要编成 3～4 道加捻压股插花，股绳不准有松紧。

8.4.9　挂钩要求

金属钩必须有保险装置，铁路专用钩则例外。自锁钩的卡齿用在钢丝绳上时，硬度为洛氏 60HRC。金属钩舌弹簧有效复原次数不少于 20000 次。钩体和钩舌的咬口必须平整，不得偏斜。

8.4.10　安全绳的日常使用注意事项

在无数实际案例中证明，安全绳就是救命的绳索，它可以使有坠落发生时的实际冲击距离减小，而安全锁和安全钢丝绳配合形成自锁装置以防吊篮工作绳断而引发高空坠落。安全绳和安全带配合使用，能确保人员不会随吊篮坠落。事故发生就在一瞬间，所以高处作业必须按规定系好安全绳和安全带。安全绳是高空作业的保护伞，安全绳系着的是一个活生生的生命，稍有疏忽就会发生可能丧失生命的严重后果。

1）避免安全绳接触化学物品。应把救援绳存放在避光、凉爽和无化学物质的地方，最好使用专用绳包存放安全绳。

2）安全绳达到以下状态之一者应作退役处理：外层（耐磨层）发生大面积破损或有绳芯露出；连续使用（参加抢险救援任务）300 次（含）以上；外层（耐磨层）沾有久洗不除的油污及易燃化学品残留物，影响使用性能时；内层（受力层）

损坏严重而无法修复；服役 5 年以上。特别值得注意的是，在做快速下滑时，不要使用没有金属吊环的吊带，因快速下滑时安全绳和 O 形环产生的热量会直接传递给吊带的非金属吊点上，温度过热就可能将吊点熔断，非常危险（一般来说，吊带采用的是尼龙材料，尼龙的熔点是 248℃）。

3）每周进行一次外观检查，检查内容包括：有无划伤或严重磨损，有无被化学物质腐蚀、严重掉色，有无变粗、变细、变软、变硬，绳包有无出现严重破损等情况。

4）每次使用安全绳后，应该认真检查安全绳外层（耐磨层）有无划伤或严重磨损，有无被化学物质腐蚀、变粗、变细、变软、变硬或绳套出现严重破损等情况（可以用手摸的方法检查安全绳的物理形变），如果发生上述情况，请立即停止使用该安全绳。

5）严禁在地面上拖拉安全绳，不要踩踏安全绳，拖拉和踩踏会导致安全绳磨损加速。

6）严禁锋利边角刮割安全绳。负重安全绳的任何部分与任何形状的边角接触时都极易发生磨损，并有可能导致安全绳发生断裂。因此有摩擦危险的地方使用安全绳，必须使用安全绳护垫、墙角护轮等对安全绳进行保护。

7）清洗时提倡使用专用的洗绳器具，应该使用中性的洗涤剂，然后用清水冲洗干净，放置在阴凉的环境中风干，不要放在太阳下暴晒。

8）安全绳在使用前也应该检查与之配套的挂钩、滑轮、缓降 8 字环等金属器材有无毛刺、裂口、形变等，以避免伤及安全绳。

8.4.11　安全绳的正确使用方法

1）安全绳使用时要高挂低用，防止摆动碰撞，绳子不能打结。

2）当发现有异常时要立即更换，换新绳时要加绳套，使用 3m 以上的绳要加缓冲器。

3）要束紧腰带，腰扣组件必须系紧系正。

4）利用安全带进行悬挂作业时，不能将挂钩直接勾在安全带绳上，应勾在安全带绳的挂环上。

5）禁止将安全带挂在不牢固或带尖锐角的构件上。

6）使用一同类型安全带，各部件不能擅自更换。

7）受到严重冲击的安全带，即使外形未变也不可使用。

8）严禁使用安全带来传递重物。

9）安全带要挂在上方牢固可靠处，高度不低于腰部。

高处作业人员所使用的安全防护用具必须符合国家标准，进入施工现场必须由安全员、材料员进行查验。作业人员必须按照正确方法佩戴使用。

8.5 材料、设备管理制度

8.5.1 施工现场设备管理制度

为了加强施工现场机械设备的安全管理，确保机械设备的安全运行和职工的人身安全，特制定本制度。

1）施工现场必须健全机械设备安全管理体制，完善机械设备安全责任制，各级人员应负责机械设备的安全管理，施工负责人及安全管理人员应负责机械设备的监督检查。

2）机械设备操作人员必须身体健康，熟悉各自操作的机械设备性能，并经有关部门培训考核合格后持证上岗。

3）在非生产时间内，未经项目负责人批准，任何人不得擅自动用机械设备。

4）机管和操作人员必须相对稳定。操作人员必须做好机械设备的例行保养工作，确保机械设备的正常运行。

5）新购或改装机械设备，必须经公司有关部门验收，制定安全技术操作要求后，方可投入使用。

6）经过大修理的机械设备，必须经公司有关部门验收合格后，方可投入使用。

7）施工现场的大型机械设备（塔式起重机、施工升降机等）必须由具备专业资质的单位进行安装、拆除。安装后必须经项目部、公司有关部门和建委及安监局认可的有关部门验收合格后，方可挂牌使用。

8）塔式起重机、施工升降机的加节，必须由具备专业资质的单位进行，并经项目部和公司有关部门验收合格后，方可使用。

9）施工现场的中、小型机械设备，必须由项目部有关人员进行验收合格后，方可挂牌使用。

10）机械设备严禁超负荷及带病使用，在运行中严禁保养和修理。

11）机械设备必须严格执行定机、定人、定岗位制度。

12）各种机械设备的使用必须遵守项目部、公司和上级部门的有关规定、规程及制度。

8.5.2　施工现场场地及防火

1）工地的地面，有条件的可做混凝土地面，无条件的可采用其他硬化地面的措施，使现场地面平整坚实。但像搅拌机棚内等易积水的地方，应做水泥地面和有良好的排水措施。

2）施工场地应有循环干道，且保持经常畅通，不堆放构件、材料，道路应平整坚实，无大面积积水。

3）施工场地应有良好的排水设施，保证排水畅通。

4）工程施工的废水、泥浆应经流水槽或管道流到工地集水池统一沉淀处理，不得随意排放和污染施工区域以外的河道、路面。

5）施工现场的管道不能有跑、冒、滴、漏或大面积积水现象。

6）施工现场禁止吸烟，以防发生危险。应该按照工程情况设置固定的吸烟室或吸烟处，吸烟室应远离危险区并设必要的灭火器材。

7）工地应尽量做到绿化，尤其在市区主要路段的工地应该首先做到。

8.5.3　材料堆放管理

根据现场实际情况及进度情况，合理安排材料进场，对材料进行进场验收、送检抽样，并报检于建设方、设计单位。整理分类，根据施工组织平面布置图指定位置归类堆放于不同场地。

1. 专门库房，妥善存放

建筑材料应存放于符合要求的专门材料库房，否则会降低使用寿命。如钢材、水泥等材料，应避免潮湿、雨淋。钢材（及制作成品）堆放在潮湿的地方会很快被氧化锈蚀，影响使用寿命；水泥受潮或被雨水冲淋后不能使用。

2. 标志清楚，分类存放

建筑工地所用材料较多，同种材料有诸多规格，比如钢材从直径几毫米到几十毫米有几十个品种，又有圆钢和带钢之别；水泥有强度等级高低不同，又有带 R 与不带 R、硅酸盐、矿渣、立窑、旋窑之别，建筑物的不同浇灌部位，其设计强度等级是有差别的，绝不能错用、混用。

3. 材料发放

对于到场材料，清验造册登记，严格按照施工进度凭材料出库单发放使用，并且需对发放材料进行追踪，避免材料丢失。特别是要对型材下料这一环节严格控制。对于材料库存量，库管员务必及时整理盘点，并注意对各材料分类堆放。易燃品、防潮品均需采取相应的保护措施。

另外，不论是项目经理部、分公司还是项目部，仓库物资发放都要实行先进先出的原则，项目部的物资耗用应结合分部、分项工程的核算，严格实行限额、定额领料制度，在施工前必须由项目施工人员开签限额领料单，限额领料单必须按栏目要求填写，不可缺项。对贵重和用量较大的物品，可以根据使用情况，凭领料小票多次发放。对易破损物品，材料员在发放时需做较详细的验交，并由领用双方在凭证上签字认可。

8.5.4 主要材料半成品的堆放

1）同一类型的构件堆放时，应做到"一头齐"。不同构件垛之间的净距不应小于1.5m。构件与地面及构件层之间应设置垫木便于吊运绑钩。腹板高度小于等于500mm的构件堆放不应超过2层，腹板高度大于500mm的构件堆放严禁叠放并应有相应防倾覆措施。另外，不同构件垛之间的净距不应小于

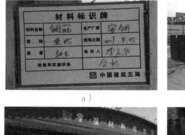

图 8-9 施工现场物料堆放

a）材料标识牌　b）半成品堆放

c）零星材料堆放　d）应急物资堆放

1000mm。板高度大于1000mm构件堆放，必须设置支撑措施。腹板高度超过2000mm的构件绑钩时，应设置登高措施供绑钩人员上下，严禁直接翻爬构件。构件堆场区域，应分别设置材料标识牌及警示标识牌，非相关专业施工人员禁止入内。如图 8-9 所示。

2）钢筋应当堆放整齐，用方木垫起，不宜放在潮湿和暴露在外受雨水冲淋，

如图 8-10 所示。

3）砖应丁码成方垛，不得超高，距沟槽坑边不小于 0.5m，防止坍塌。

4）砂应堆成方，石子应当按不同粒径规格分别堆放成方。

5）各种模板应当按规格分类堆放整齐，如图 8-11 所示。另外，地面应平整坚实，叠放高度一般 3 不宜超过 2m。大模板存放应放在经专门设计的存架上，应当采用两块大模板

图 8-10　施工现场钢筋堆放

面对面存放，当存放在施工楼层上时，应当满足自稳角度并有可靠的防倾倒措施。

图 8-11　施工现场模板材料堆放

6）混凝土构件堆放场地应坚实、平整，按规格、型号分类堆放，垫木位置要正确，多层构件的垫木要上下对齐，垛位不准超高。混凝土墙板宜设插放架，插放架要焊接或绑扎牢固，防止倒塌。

8.6　配电设备

8.6.1　施工现场配电箱防护措施

严格落实现场临时用电管理制度及电工值班、巡查制度，落实临电管理人员岗位责任制。做好临电施工组织设计及安全技术交底，并进行记录。

工程用电机械设备的使用要求先申请提计划，由电工统一接线管理。所有电动机具、机械、电气设备必须由专职电工或持证的操作手进行操作和维修，非电工或

操作手不得随意动用机电设备。电工要做好值班及维修日记。工地使用的所有电器必须保证质量合格，有合格证。临时照明系统均采用重复接地装置、低压灯泡（36V、60W），确保安全。现场作业区及场外宿舍区的临时用电，均由指定的专职电工负责管理，电工须持证上岗，严禁非电工人员乱拉电线、乱接电源。电工应掌握安全用电基本知识和所用设备的性能，电工使用的各种测量仪表和一类绝缘标准的电动工具，要按规定进行检测，满足计量要求。停用时间较长的电动机具，如振捣棒、磨石机等，重新启用前，要做绝缘电阻检测，合格方可使用，检测结果应有记录。现场使用经国家劳动和社会保障部、住建部认证的标准的配电箱和开关箱，使用期间安排专人负责定期保养、清扫和擦拭。施工现场线路采用电缆埋地敷设，所有电缆采用检查无破损、龟裂及符合标准的电缆。

对用电安全影响较大的测试项目，如防雷接地、保护接地、工作接地、重复接地的电阻测试工作，每季度进行一次，测试由专人进行，记录阻值，填测试记录，绘制接地装置图。临时用电一律采用"三相五线制"配线，每个临时配电箱必须全部安装灵敏的漏电保护器。现场临时用电安装完毕，经工地检查合格报公司安保处复验通过后方可投入使用，复验结果要有记录。临时用电安装施工及使用期间的各种资料要收集齐全，以备查验。电焊机一级、二级线要防护安全，焊把线要双线到位，不得用裸露铜线和钢筋作地线。手持电动工具绝缘要完好，电源接头要规范无破损，操作人员要戴绝缘手套。

8.6.2　总配电箱

总配电箱如图 8-12 所示，应设置总隔离开关以及分路隔离开关和分路漏电保护器；隔离开关应设置于电源进线端，应采用分断时具有可见分断点，并能同时断开电源所有极的隔离电器；如果采用分断时具有可见分断点的断路器，可不另设隔离开关。总配电箱中漏电保护器的额定漏电动作电流应大于 30mA，额定漏电动作时间应大于 0.1s，但其额定漏电动作电流与额定漏电动作时间的乘积不应大于 30mA·s。

图 8-12　总配电箱

8.6.3　分配电箱

分配电箱如图 8-13 所示，应设在用电设备或负荷相对集中的区域，分配电箱与开关箱的距离不得超过 30m。固定式分配电箱中心点与地面的垂直距离应为 4m，配电箱支架应采用∟40×40×4 角钢焊制。分配电箱应装设总隔离开关、分路隔离开关以及总断路器、分路断路器或总熔断器、分路熔断器，电源进线端严禁采用插头和插座做活动连接。

图 8-13　分配电箱

8.6.4　开关箱

开关箱如图 8-14 所示，必须装设隔离开关、断路器或熔断器以及漏电保护器，隔离开关应采用分断时具有可见分段点，并应设置于电源进线端。开关箱漏电保护器额定漏电动作电流不应大于 30mA，额定漏电动作时间不应大于 0.1s；潮湿或有腐蚀介质场所的漏电保护器，其额定漏电动作电流不应大于 15mA，额定漏电动作时间不应大于 0.1s。

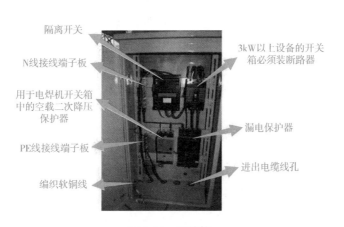

图 8-14　开关箱

8.6.5　开关箱及电焊机设置

电焊机变压器的一次侧电源线长度不应大于 5m，其电源进线处必须设置防护罩。电焊机二次侧焊把线应采用防水橡皮护套铜芯软电缆，电缆长度不应大于 30m。电焊机外壳应做保护接零。使用电焊机焊接时必须穿戴防护用品，严禁露天冒雨从事焊接作业。开关箱及电焊机设置如图 8-15 所示。

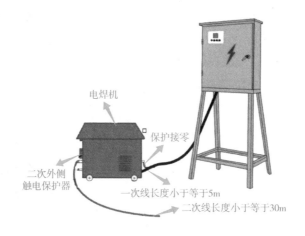

图 8-15　开关箱及电焊机设置

8.6.6　楼层配电

楼层分配电中，电缆垂直敷设应利用工程中的竖井、垂直孔洞，宜靠近用电负荷中心。垂直布置的电缆每层楼固定点不得少于一处。电缆固定宜采用角钢作支架，瓷瓶作绝缘子固定。

1）每层分配电箱电源电缆应从下一层分配电箱中总隔离开关上端头引出。

2）楼层电缆严禁穿越脚手架引入。

楼层配电如图 8-16 所示。

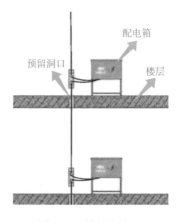

图 8-16　楼层配电

8.6.7　重复接地与防雷

每一接地装置的接地线应采用 2 根及以上导体，在不同点与接地体做电气连接。垂直接地体宜采用 2.5m 长角钢、钢管或光面圆钢，不得采用螺纹钢；垂直接地体的间距一般不小于 5m，接地体顶面埋深不应小于 0.5m。接地线与接地端子的连接处宜采用铜片压接，不能直接缠绕。接地装置如图 8-17 所示。

1）在施工现场专用变压器的供电的 TN-S 接零保护系统中，电气设备的金属外壳必须与保护零线连接。保护零线应由工作接地线、配电室（总配电箱）电源侧零线或总漏电保护器电源侧零线处引出。

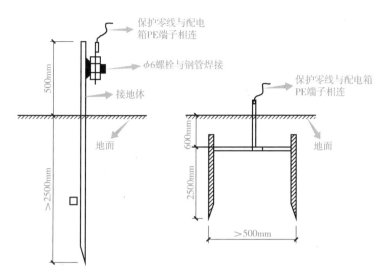

图 8-17 接地装置

2）施工现场与外电线路共用同一供电系统时，电气设备的接地、接零保护应与原系统保持一致。不得一部分设备做保护接零，另一部分设备做保护接地。

3）工作接地电阻不得大于 4Ω，重复接地电阻不得大于 10Ω。

4）每一接地装置的接地线应采用两根及以上导体，在不同点与接地体做电气连接。不得采用铝导体作接地体或地下接地线。垂直接地体宜采用热镀锌扁钢、钢管或光面圆钢，不得采用螺纹钢和铝材，垂直接地体的间距一般不小于 5m，接地体顶面埋深不应小于 0.6m；水平接地线为热镀锌扁钢 40×4、Φ12 圆钢。

5）施工现场起重机、物料提升机、施工升降机、脚手架应按规范要求采取防雷措施，防雷装置的冲击接地电阻值不得大于 30Ω。做防雷接地机械上的电气设备，保护零线必须同时做重复接地。

参 考 文 献

[1] 中华人民共和国住房和城乡建设部. 钢结构工程施工规范：GB 50755—2012 [S]. 北京：中国建筑工业出版社，2012.

[2] 中华人民共和国住房和城乡建设部. 钢结构工程施工质量验收标准：GB 50205—2020 [S]. 北京：中国计划出版社，2020.

[3] 中华人民共和国住房和城乡建设部. 钢结构高强度螺栓连接技术规程：JGJ 82—2011 [S]. 北京：中国建筑工业出版社，2011.

[4] 中国建筑标准设计研究院. 《门式刚架轻型房屋钢结构技术规范》图示：15G108—6 [S]. 北京：中国计划出版社，2015.

[5] 中国建筑标准设计研究院. 钢结构施工安全防护：17G911 [S]. 北京：中国计划出版社，2017.

[6] 于贺. 钢结构焊接操作技术与技巧 [M]. 北京：机械工业出版社，2015.

[7] 魏兵. 实用紧固件手册 [M]. 3版. 北京：机械工业出版社，2018.

[8] 徐辉. 大跨度钢结构施工新技术 [M]. 北京：中国建筑工业出版社，2015.

[9] 王盎，刘立明. 装配式钢结构施工技术与案例分析 [M]. 北京：机械工业出版社，2020.